デザイン思考に基づく
新しいソフトウェア開発手法
EPISODE

データ分析，人工知能を活用した
小規模アジャイル開発

理学博士 西野 哲朗 著

コロナ社

ま　え　が　き

　本書の目的は，イノベーティブなシステム開発における自律的，実践的能力を養成することである。そのための手法として，デザイン思考やアジャイル開発の手法に基づく EPISODE という新たなシステム開発手法を紹介する。

　この EPISODE の枠組みを理解するために，最初に，通常のソフトウェア工学やアジャイル開発の基礎について学ぶ。つぎに，EPISODE の枠組みについて解説した後に，EPISODE を用いたシステム開発の実践例として，開発ツールとして IBM Watson Assistant を用いた人工知能アプリケーション（チャットボット）の開発事例を紹介する。さらに，データ分析や論文執筆などへの EPISODE の応用法についても紹介する。

　具体的には，本書では以下のような学習を通じて，イノベーティブなシステム開発における自律的，実践的能力を養成していく。

(1) **基　　礎**：　最初に，ソフトウェア工学，アジャイル開発，およびデザイン思考の基礎を実践に生かせる形で学ぶ。

(2) **原　　理**：　つぎに，筆者が提案する新たなシステム開発手法である EPISODE の枠組みについて解説する。

(3) **応　　用**：　人工知能開発ツール IBM Watson Assistant を使用し，人工知能アプリケーション（チャットボット）を開発する事例を通して，EPISODE という開発手法を実践的に習得する。さらに，EPISODE の多様な応用例を紹介するために，データ分析，就職のためのエントリーシート作成や論文執筆などへの EPISODE の適用方法についても紹介する。

　ここで，筆者が提案しているシステム開発手法 EPISODE の概略を紹介しておく。EPISODE では，本書 7 章図 7.1 のようなサイクルで開発を行う。1 回のサイクルでつくり上げる機能は小さなものに限定し，複数回このような小規

模開発を行うことで徐々にシステムの機能を拡張していく（これはアジャイル開発の考え方を踏襲した方式である）。

(1)　図7.1の企画フェーズではブレインストーミングや親和図作成を行い，新しいアイディアを発見する（この部分はデザイン思考の手法を用いて行う）。

(2)　つぎに，得られたアイディアからストーリー抽出を行い，コンセプトを明確化する。

(3)　設計フェーズではストーリーを実現するために流れ図（アクティビティ図）を作成する。つづく実装フェーズでは動作が確認できるソフトウェアなどを開発する。

(4)　さらに，評価フェーズで価値分析やユーザ自身の検証によって，達成すべき目的が実際に達成できているか否かを確認する。

　本書では，システム設計に関する以下のドキュメントの作成方法について解説する。

・企画書
・ストーリーカード
・アクティビティ図
・タスク分割カード
・広　　告

これらのドキュメントは，EPISODE の枠組みに従ってシステムを開発する際に使用するものだが，システムの開発後には，これらのドキュメントを開発したシステム（ソースコードなど）と一緒に公開しておく。そうすると，後日，第三者がソースコードを解読する前に，付随したこれらのドキュメントを読むことで，開発されたシステムの概要を迅速に把握することができる。

　Education の語源は，ラテン語のエデュカーレ（「引き出す」の意）である。つまり，Education とは，学生の潜在的な能力やさまざまな可能性を引き出すことを意味している。そのため欧米では，教師は学生の能力を引き出す役割を担うものとされている。ところが日本では，Education を「教育」（教え

はぐくむ）と訳したため，「知識をもっている者がもたない者に教える」という知識的側面が強調されてきたようだ。

　もちろん，教師は学生に対して新たな知識を伝授するわけだが，本書では，そのことだけにとどまらず，その新たな知識を用いて，読者の潜在的なシステム開発能力を引き出していくことを目標にしたいと考えた。そのことが，多少なりとも，読者諸兄に感じ取っていただけたとすれば，筆者にとっては望外の喜びである。

　末筆ながら，8章の実装事例の掲載をご快諾下さった，電気通信大学大学院情報理工学研究科の長谷川勝彦氏と平尾佳那絵氏に感謝いたします。また，本書の刊行にあたっては，コロナ社に，遅れがちな原稿執筆を大変辛抱強くサポートしていただきました。この場をお借りして，深く感謝申し上げます。

　2022 年 1 月

西野　哲朗

目　　　次

1.　ソフトウェア工学

2.　要　求　定　義

3.　ソフトウェア設計

4.　ソフトウェア構築

5.　ソフトウェアテスト

6.　アジャイル開発

7.　EPISODE

8.　チャットボット

9.　EPISODE の応用

1 ソフトウェア工学

1.1 学 習 の 目 的

従来のソフトウェア工学[1]†1 は，銀行のオンラインシステムや列車の座席予約システムの開発のような大規模プロジェクトによるソフトウェア開発を対象としている。そのため，従来のソフトウェア工学の手法を用いて，少人数グループによるソフトウェア開発を行おうとすると，以下のような問題が発生する。

問題点1： 通常，開発するソフトウェアの企画（注文）は顧客がもち込むため，従来のソフトウェア工学には，開発するソフトウェアの企画を立てるための手法があまり含まれていない。

問題点2： 大人数で開発することが前提となるため，開発したソフトウェアのドキュメント（マニュアルなど）が膨大になり，その把握に時間がかかり過ぎる。

最近は，スマートフォンのアプリ†2 などを，1人，または少人数で開発するプロジェクトも多い。しかし，そのような小規模プロジェクトに，従来のソフトウェア工学の手法をそのまま適用しようとすると上記のような問題が発生する。そこで，本書では，少人数によるソフトウェア開発の手法として，筆者の研究室で考案した EPISODE という新たなシステム開発手法を紹介していく。

---

†1 肩付数字は，巻末の参考文献の番号を表す。
†2 以下，アプリケーションを略してアプリという場合がある。

先に結論を申し上げておくと，EPISODE では，上記二つの問題点を，それぞれ以下のような形で解決する。

解決策 1： EPISODE では，開発するソフトウェアの企画を立案するために，デザイン思考の手法を用いてアイディア出しを行う。具体的には，後述の方法でアイディア出しを行い，ブレインストーミングも行って，開発しようとするシステムの概要を固める。さらに，そのシステムの利用シーンをユーザ目線でストーリーカードの形で書くことで，実現しようとするシステムの企画を具体化していき，企画書を作成する。

解決策 2： EPISODE において，システム開発のためにソフトウェアを作成する際には，企画書，ストーリーカード，アクティビティ図，タスク分割カード，広告などのドキュメントを作成していくが，システムが完成した際には，ソースコードと一緒に，これらのドキュメントも公開する。これらのドキュメントは理解しやすいので，ソースコード自体を読まずとも，そのプログラムの概要を比較的短時間で把握することができる。さらに，ソースコードを読むことが必要になった場合にも，これらのドキュメントによってプログラムの概要が理解できていると，ソースコードを解読する時間を短縮することができる。

上記のような EPISODE の枠組みを深く理解してもらうためには，従来のソフトウェア工学の内容を一通り理解しておく必要がある。そこで，EPISODE が提案された背景を理解してもらうために，本書の 2 章から 6 章まででは，従来のソフトウェア工学の要点を実践に生かせる形で概観していく。それと同時に，通常のソフトウェア工学の手法を，少人数グループによるソフトウェア開発に適用した場合の問題点についても考察していく。

1.2 コンピュータの発展の歴史

まず，最初に，これまでのコンピュータの発展の歴史を簡単に振り返っておこう。

1.2.1 メインフレーム時代

1950 年ごろに商用コンピュータが初めて登場して以来，コンピュータの歴史は 70 年ほどの歳月になる。当初のコンピュータは高価で大型だったため，企業が保有するコンピュータの台数は少なかった。その後，コンピュータで処理すべき業務は増加の一途をたどり，それに伴ってシステムの規模はどんどん大きくなっていった。

しかし，ハードウェア技術の急速な進歩によりコンピュータの処理能力も飛躍的に向上したため，増えつづける業務を 1 台もしくは数台のコンピュータで処理することができた。このようなコンピュータを大型汎用機（メインフレーム）と呼ぶが，その当時は，コンピュータからの処理結果のみが表示される端末を使ってメインフレームを利用していた。

筆者の学生時代には，大学の大型計算機室に IBM 社製のメインフレームコンピュータが設置されていた。週に一度のプログラミングの授業の際には，出された課題の解答のプログラムを，タイプライタのような穿孔機（穴あけ機）が多数並んでいる穿孔室という部屋で，多数の厚紙のカードにパンチして穴を開ける形で作成する。プログラムの 1 行に対して 1 枚のカードを作成し，それらのカードをプログラムの行の順番に重ねたカードの束（カードデックという）をつくる。さらにその上に，ジョブコントロールカードという「おまじない」のような 10 枚程度のカードを載せて，落とさないようにして慎重に大型計算機室に持参する。もし，不注意でジョブコントロールカードの順番が入れ替わっていたりすると，そのカードデックを読み込ませたコンピュータが止まってしまうということで，ティーチングアシスタントの先輩学生にこっぴどく叱られた。そのため，筆者はメインフレームコンピュータを利用するのが億劫だったことをいまでもよく覚えている。

首尾よく自分のカードデックを受け付けてもらえても，翌週に計算結果を大型計算機室に見にいくと，筆者の学籍番号が表示された棚に入れられたプリンタ用紙に，「エラー」の文字が表示されていて，計算結果が出ていないことがわかる。そこで，慌てて穿孔室に直行してプログラムを修正し，カードデック

（課題の解答）を出し直すというような作業を行っていた。その当時は，コンピュータを利用するということは，そのような作業を行うことを意味していたので，そういった作業に馴染めなかった筆者は，コンピュータ利用は非常に手間がかかるという印象を強くもっていた。そのため学部時代は，コンピュータを使用する授業は極力受けないようにしていたのだが（コンピュータが嫌いだったといっても過言ではない），それがパーソナルコンピュータ（PC）の出現によって，コンピュータに興味をもつようになり，コンピュータサイエンスを専攻することになったのだから，人生というのはわからないものである。

1.2.2　クライアントサーバ時代

　その後も，コンピュータで処理すべき業務は急速に増加しつづけ，コンピュータシステムを開発するスピードが追いつかない状況になっていった。1990 年代初めになると，ワークステーションやパーソナルコンピュータの低価格化・高性能化と，ネットワークの標準化が進んだ。その結果，従来のメインフレームによる中央集権的な処理方式から，ワークステーションなどを組み合わせて処理を分散させる方式に移行していった。

　この処理方式は，ユーザが使うクライアント（入出力を表示する端末）と，クライアントからの要求を処理するサーバがネットワーク上で結合される構成になっていたため，クライアントサーバ方式と呼ばれた。例えば，電子メールを使用する場合には，各ユーザが使用する PC（クライアント）からメールサーバにアクセスしている。クライアントサーバ方式のシステムを開発する場合には，個々の業務に対するシステムを独立に開発しておき，それらのシステムにサーバを追加していけばよい。そのため，メインフレームのように1台のコンピュータですべての業務を処理する場合と比べると，技術面や運用面の難しさがかなり軽減された。これにより，コンピュータ化に要する時間が大幅に短縮された。

　これよりも少し前の時代を思い返すと，筆者自身は，コンピュータを個人で占有できるようになったことが，とても嬉しかったことを鮮明に覚えている。

日本初の本格的なパーソナルコンピュータ NEC PC-8000 が，1981 年ごろに大学の研究室に納入されたため個人的に使用していた。いまでは考えられないくらい小規模な 8 ビットパソコンだったが，それでも，自分 1 人でコンピュータを占有でき，カードデックを大型計算機センターに運ぶ必要もなく，カードの並びの間違いを TA に注意されずにすみ，しかも，計算結果がその場で確認できることに，非常に大きな利便性を実感した。そのことで，コンピュータが身近で便利な道具であることが認識できたことから，筆者自身，コンピュータサイエンスを専門分野にしたいと考えたのだった。

1.2.3　インターネット時代

コンピュータの処理能力向上とともに，システムに大きな影響を与えたのが 1990 年代半ばからのインターネットの普及であった。インターネット上では，世界中の数多くのネットワークが網状につながっている。そのため世界の隅々まで，メールで情報の送受信を行ったり，ホームページで情報発信を行えるようになってきた。

同時に PC の小型化，高性能化，低価格化がさらに進んだため，1 人 1 台の PC をもつことが当たり前の時代になった。その結果，企業もインターネットと PC を使ったシステム（Web システム）を採用することにより，より低価格で広範囲なサービスを展開することが可能となった。さらに最近では，スマートフォンを利用したアプリケーションも広く一般に利用されている。

従来のソフトウェア工学は，メインフレームコンピュータによるソフトウェア開発が行われていた時代に，その大枠が構築された。しかし，その後，上記のようにコンピュータとそれを取り囲むインターネット環境が大きく変化したため，インターネット時代の現在に適合するような，新たな形のソフトウェア工学が必要になってきた。そのようなソフトウェア工学における新たな流れを模索する試みとして，本書では，EPISODE をご紹介していきたいと思う。

インターネット時代になり，各個人が世界に向けて情報発信できるようになってきた。そのような時代の流れの中で，個人，あるいは小グループが，自

分たちの開発した優れたコンピュータアプリケーションを世界に向けて発信していくような流れが生まれてほしいと筆者は考えているし，実際にそうなってきている。その目的のために，本書で紹介する EPISODE が読者諸兄のお役に立つことを切に願っている。

　革新的なアイディアというものは，見たことも聞いたこともないもので，「なに，それ？」と多くの人が疑問に思うものが多い。私がいまでも印象に残っている例を一つご紹介しよう。1993 年ごろの話だが，xmosaic という初期の Web ブラウザが研究者の間で使用可能になっていた。そのシステムを使ってつくった研究者のホームページを初めて見た情報通信（ICT）分野のある著名な教授が，「こんなオモチャがなんの役に立つのだ？」といった，という逸話を聞いたことがある。つまり，その著名な教授は，インターネット社会を予見できなかったわけだが，それは無理もないことである。ホームページを生まれて初めて見た人には，それは単なる紙芝居としか認識できなかっただろう。

　一般に，ICT の世界の 10 年後は予見できないといわれている。いまから 10 年前の自分を振り返ってみたときに，いまのような ICT の世界を想像できていただろうか？ 逆に，いま現在，もし 10 年後の ICT の世界が見えている読者がいたとしたら，その人は間違いなく天才にちがいないと思う。

1.3　システム開発

1.3.1　システム開発とは

　コンピュータのようなハードウェアと，その上で動作するソフトウェアを用いて業務を行うための仕組みのことを**システム**という。社会とシステムとの関わりは年々密接になってきており，ショッピングのためのシステムなどがインターネットを通して広く利用されるようになってきた。

　最近では，システムは社会のインフラであるといわれている。近年発生した電車の自動改札機や銀行の ATM システム，証券取引所のシステムなどの停止が，社会生活に非常に大きな影響を与えたことは周知のとおりである。

　システム化の目的は，さまざまな課題をコンピュータを使用して解決することであるといえる。コンピュータ技術は日々発展をつづけており，より高度で複雑な処理が可能となったため，より複雑な業務もシステム化が可能になってきた。さらに，コンピュータネットワークの発達によりシステムの相互接続が可能となり，それと同時に，システムの利用者数も大幅に増加した。

　システム化による課題解決の具体例として，銀行のATM（現金自動預け払い機）のケースについて考えてみよう。このケースにおけるシステムの目的は，営業時間が限られている銀行窓口業務をサポートし，利用者がいつでも，どこでも入出金や振込みが行える環境を提供することである。その課題解決のための手段として，ATMシステムを開発することが考えられる。このようなシステムが実現できれば，ネットワークで接続された多数のATMは銀行窓口に代わる入出力装置として機能するようになる。しかも，銀行のメインコンピュータとリアルタイムで入出金情報のやり取りができるため，利用者は銀行の窓口に行く必要がなくなり，時間と場所の両面で利便性の向上が図られることになる。

　通常のソフトウェア工学が対象とするのは，多くの人々が参加する大規模なシステム開発である。そのような開発プロジェクトにおいては，さまざまな仕事を千人規模のチームで協同で行いながら，目的のシステムを開発していくこともある。このようなシステム開発では，多種類の仕事を効率よく行うために，各作業の内容とその進め方を事前に定め，開発に参加する者全員が理解しなければならない。さらに，各自の役割分担を適切に行い，各自が割り当てられた仕事を確実に実行する必要がある。

1.3.2　システム開発の流れ

　システム開発の流れは，企画，要求定義，設計，構築，テスト，保守・運用の六つの工程に分けることができる（**図1.1**）。各工程の概要は以下のとおりである。

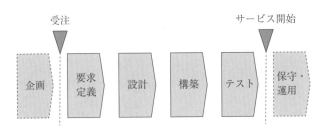

図1.1 システム開発の流れ

　ここで，工程とは，人やチームに割り当てられるひとまとまりの作業を指しており，複数の活動から構成される。与えられた入力に対し，活動によってそれを変換した出力が得られる。出力は**作業成果物**と呼ばれ，活動同士の間には作業成果物を介した依存関係が存在する。

　〔1〕**企　　画**　　企画工程では，開発するシステムを企画立案し，その概要を明らかにする。顧客の目的を達成するために必要なシステムに関する要求を調査・分析し，実現可能なシステムの概要と開発計画を提案する。通常，開発システムの企画は顧客が策定する。そのため，従来のソフトウェア工学においては，企画は顧客がもち込むものと位置づけられているため，企画立案の方法についてはあまり取り扱われていなかった。

　そこで，EPISODE では，開発するソフトウェアの企画を立案するために，デザイン思考の手法を用いてアイディア出しを行う。後の章で詳述するが，EPISODE ではブレインストーミングなどを行って，開発しようとするシステムの概要を固める。さらに，そのシステムの利用シーンをストーリーカードの形で書くことで，実現しようとするシステムの企画を具体化していき，企画書を作成する。

　〔2〕**要 求 定 義**　　要求定義工程では，システムへの要求を抽出し，分析を行って，その結果を仕様化する。その仕様が設計への入力となる。具体的には，企画工程で判明した顧客の要求に基づき，システムによって実現すべき機能を決定する。要求定義においては，業務に深く関わる内容について検討することになるため，顧客にも積極的に検討に参加してもらう必要がある。

　要求定義は，要求の抽出，要求の分析，要求の仕様化，要求の妥当性確認の四つの作業から構成される。ここで，要求の妥当性確認とは，要求，仕様を開発者が正しく理解して作業成果物に反映できているかどうか，すなわち，顧客が意図したシステムができているかどうかを確認するための作業である。通常，この作業においては，レビューやプロトタイプ（暫定版の画面イメージの提示など）による確認作業を行う。

　〔3〕　設　　　計　　設計工程では，与えられた仕様をどのように実現するかを決定するが，その結果を記述したものが構築工程への入力となる。具体的には，要求定義において決定されたシステムが実現すべき機能を，どのように実現するのかを決定する。本工程からは，システム開発者が中心となって検討を行う。設計は，要求定義の作業成果物である「システム仕様」に基づいて行われる。設計は，大きく分けて「ソフトウェアアーキテクチャ設計」，「ソフトウェア詳細設計」，「ソフトウェア構築設計」から構成されている。

　「ソフトウェアアーキテクチャ設計」では，トップレベルでソフトウェアを分割し，さらにソフトウェアを細かく分割していく際の方針も示す。また，ソフトウェア全体として重要な仕組みや処理方式も決定する。

　「ソフトウェア詳細設計」では，上述の「ソフトウェアアーキテクチャ設計」で分割されたソフトウェア構成要素のそれぞれについて，割り当てられた仕様を満たすように内部を設計する。さらに必要があれば，「ソフトウェアアーキテクチャ設計」で定められた方針に従って，より細かいソフトウェア構成要素へと繰り返し分割していく。

　「ソフトウェア構築設計」では，「ソフトウェア詳細設計」で分割された最小のソフトウェア構成要素について，割り当てられた仕様を満たすコードが作成できるように，より詳細に内部設計を行う。「ソフトウェア構築設計」は，ソフトウェアの構築時にコーディングと同時進行で行うこともある。

　〔4〕　構　　　築　　構築工程では，設計に関する記述に従って，動作可能なソフトウェアのコードを作成する。具体的には，設計工程で作成した文書に基づき，システムを構成する基本的な機能をもつ部品（モジュールと呼ぶ）を

作成する。構築は，ソフトウェア構築設計の出力である「ソフトウェアモジュール設計」と「コーディング規約」に従って行う。

　構築工程の出力である「コード」は，ユニットテストや統合テストで検証される。「統合」とは，ソフトウェア構成要素を必要に応じて結合し，動作可能な実行形式を作成することをいう。統合されたコードが統合テストで実行され検証される。

　〔5〕　**テスト**　　テスト工程では，作成したソフトウェアが正しく動作するか否かを検証する。具体的には，構築工程で作成した各モジュールをテストし，つぎに，連結されたモジュールが正しく動作することも確認する。最終的には，すべてのモジュールを連結して，システム全体が正しく動作することを確認する。これらの作業により，要求定義や設計において，定義されたとおりにシステムが実現されていることを確認する。

　テストは段階的に実行する。この段階を「テストレベル」と呼ぶ。テストレベルには「ユニットテスト」，「統合テスト」，「システムテスト」，「受け入れテスト」の四つがあり，それぞれテストする対象と目的が異なる。またテストケースを抽出するもととなる成果物を「テストベース」と呼ぶ。ここでテストケースとは，特定の要件に準拠していることを確認するために実行される，単一のテストを定義する入力，実行条件，テスト手順，および期待される結果の一連の仕様のことをいう。

　テストは，以下の手順で行う。まず，テスト内容を具体化し，スケジュールを明らかにする。つぎに，必要なテストケースを抽出し，そのためのテスト手順を明らかにする。そして，テストを実行するための環境を構築する。その上でテストを実施し，結果を記録する。そして，テスト結果を評価し，テストの合否を判定する。最後に，発見された問題や故障を報告する。

　〔6〕　**保守・運用**　　保守・運用工程では，使用可能になったシステムの正常動作が維持されるよう，顧客がシステムの稼働状況を監視する。もし，テスト工程では発見できなかった問題が新たに見つかった場合には，顧客がシステムの修正を行う。

1.4　システム開発モデル

　システム開発は，順序をもったいくつかの工程から構成されている。これら
の工程の順序をパターン化したモデルを，**システム開発モデル**と呼ぶ。代表的
なシステム開発モデルとして，「ウォーターフォール型開発モデル」と「反復
型開発モデル」が知られている。

　〔1〕　**ウォーターフォール型開発モデル**　　企画，要求定義，設計，構築，
テスト，保守・運用の各工程を，1回ずつ実行するシステム開発モデルであ
る。原則として，各工程の終了条件が満たされるまでは，つぎの工程には進ま
ない（**図1.2**）。

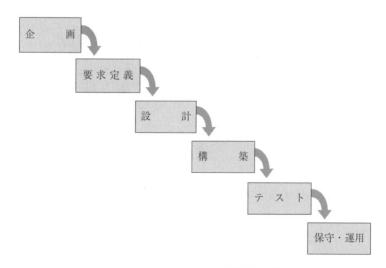

図1.2　ウォーターフォール型開発モデル

　この開発モデルのメリットとしては，各工程の終了条件が明確であるため進
捗状況が管理しやすいことや，各工程の専門要員の必要時間を特定できるた
め，各要員が作業計画を立てやすいことが挙げられる。

　一方，デメリットとしては，顧客の要求に変更があった場合に対応がしにく

いことや，システムが顧客の要求を満たしているか否かが，システムの完成時までわからないため，顧客にとっての重大な問題の発見が遅くなることが挙げられる。

〔**2**〕　**反復型開発モデル**　　要求定義，設計，構築，テストの工程を繰り返しながら，システムを少しずつ作成していくシステム開発モデルである（**図1.3**）。

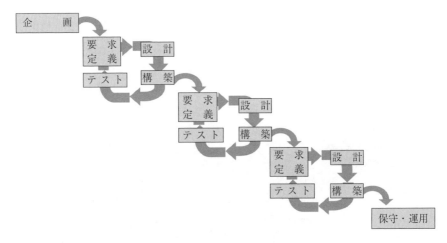

図1.3　反復型開発モデル

この開発モデルのメリットとしては，顧客の要求に変更があっても対応がしやすいことや，動作するソフトウェアを早い段階で確認することができるため，早い時期に顧客が問題を発見できることが挙げられる。

一方，デメリットとしては，作業終了の基準があいまいになる傾向があるため，コスト管理や進捗管理が難しいことや，各工程の専門要員が繰り返し必要となるため，要員の確保が難しいことが挙げられる。

〔**3**〕　**開発標準**　　開発標準とは，企業などにおけるシステム開発に参加する多くのメンバーが，共通認識をもって協同作業を進めていくために必要な基準のことをいう。具体的には，システム開発のプロセスや成果物，実施ノウハウを整理したものを開発標準と呼ぶ。

　開発標準を使ってシステム開発を行うと，担当者の勘や経験ではなく，標準に基づいた作業計画を立てることができる。作業項目が標準化されているため，作業の漏れや重複をなくすことができる。そのことによって作業の手戻りを少なくすることもできる。

　また，標準的な管理方法を導入することで，進捗や品質の状況を正確に把握でき，作業内容や成果物の不統一も排除することができる。さらに，開発標準を共通認識とすることで，システム開発担当者間のコミュニケーションが円滑に行える。

1.5　ソフトウェア工学とは

　1960年代末ごろ，ソフトウェアの開発量が急激に増加することによって，ソフトウェア開発者が不足するという「ソフトウェア危機」が危惧されたため，その危機を乗り越えるためにソフトウェア工学（ソフトウェアエンジニアリング）という分野が新たに確立された。ソフトウェア工学は，システム開発を効率的に行うための現場のノウハウや経験を，知識として体系化したものである。昨今のシステム開発では，高品質，低コスト，納期短縮が顧客から求められるため，ソフトウェア工学の知識を実際のシステム開発に適用していくことが重要となる。

　IEEE（Institute of Electrical and Electronics Engineers，米国の電気・情報工学分野の学会）は，ソフトウェア工学を，「ソフトウェアの開発，保守，運用に対する系統的で，訓練された，定量的なアプローチの適用，およびそのアプローチ」と定義している。この定義におけるポイントは以下の3点である。

(1)　航空機は航空工学という体系的な知識に基づいて設計・製造されるが，このような体系的な知識に基づいていることを「系統的」であるという。

(2)　体系的な知識を習得し実行できる人がいなければエンジニアリングは成立しないので，システム開発者に対しては「訓練」が必要となる。

(3)　開発の状況や結果がつねに把握できるようなデータが収集されている
　　状態を「定量的」であるという。定量的なアプローチを用いれば，シス
　　テム開発の推移に関する予測や制御が可能になる。

　ソフトウェア工学全体を 10 の知識領域に分類し，ソフトウェアの開発・保
守に関するさまざまなノウハウ・経験を知識体系として整理したものが，略し
て SWEBOK（software engineering body of knowledge）である。SWEBOK の
体系を理解すると，各知識のシステム開発における位置づけを知ることができ
る（**図 1.4**）。また，各知識領域には複数のノウハウ・経験が整理されている
ため，幅広い知識を習得することもできる。SWEBOK の最新版や，その現状
については，Web 上で調べてみることをおすすめする。

　ソフトウェア工学は大きく分けて，ソフトウェア要求，ソフトウェア設計，
ソフトウェア構築，ソフトウェアテストの四つの工程から構成される。本書で

図 1.4　ソフトウェア工学の知識体系：SWEBOK

は，ソフトウェア要求は「要求定義」，ソフトウェア設計は「設計」，ソフトウェア構築は「構築」，ソフトウェアテストは「テスト」と，それぞれ記述する。

■■■ ま　と　め ■■■

(1)　**システム開発**：　「コンピュータのようなハードウェアと，その上で動作するソフトウェアを用いて業務を行うための仕組み」である**システム**の開発は，通常，以下の手順で行われる。

　・**企　　　画**：　開発するシステムを企画立案し，その概要を明らかにする。

　・**要 求 定 義**：　システムへの要求を抽出し，分析を行って，その結果を仕様化する。

　・**設　　　計**：　与えられた仕様をどのように実現するかを決定する。

　・**構　　　築**：　設計に関する記述に従って，動作可能なソフトウェアのコードを作成する。

　・**テ ス ト**：　作成したソフトウェアが正しく動作するか否かを検証する。

　・**保守・運用**：　使用可能になったシステムの正常動作が維持されるよう，顧客がシステムの稼働状況を監視する。

(2)　**ソフトウェア工学とは**

　・IEEE は，**ソフトウェア工学**（**ソフトウェアエンジニアリング**）を，「ソフトウェアの開発，保守，運用に対する**系統的**で，**訓練された**，**定量的**なアプローチの適用，およびそのアプローチ」と定義している。

　・ソフトウェア工学全体を 10 の知識領域に分類し，知識体系として整理したものが，SWEBOK である。

2 要求定義

2.1 要求定義の目的

　要求定義は初期の工程（上流工程）と位置づけられている。一般に，その前工程である企画工程で明らかになった事項は，**システム開発提案書**というドキュメントにまとめられている。このシステム開発提案書は，対象システムの概要（システム構成，主な機能，課題など）をまとめたもので，開発ベンダーが作成する。

　このシステム提案書に書かれたシステム化の目標から，要求を抽出・分析し，次工程である設計工程での活動に必要となる詳細な仕様にしていく。その結果は**要求定義書**にまとめられるが，要求定義書には，システム導入の目的を踏まえ，システム導入の目的を達成するためにはシステムにどのような機能が必要であるかが明示的に書かれている。

　要求定義の目的は，以下のとおりである。

(1)　顧客の要求を分析・定義し，システム化対象範囲を確定する。具体的には，顧客の要求を踏まえ，システム開発の対象となる業務の範囲を明確化する。

(2)　実現できる**システム方式**をほぼ確定する。システム方式が確定することにより，設計工程以降の見積りが行えるようになる。ここで，システム方式とは，システムの性能，セキュリティ，障害からの復旧などのシステムを円滑に動作させるための工夫や仕掛け（ハードウェア，OS，ミ

ドルウェアといった基盤プラットフォームなど）のことをいう。

　要件定義が完了するためには，主な業務の分析が完了し，**機能仕様**（入力，出力，事前条件，事後条件などの仕様を定義したもの）が確定していなければならず，さらに，機能数や画面・帳票数，データ項目の洗い出しが完了し，ハードウェア・ソフトウェアの見積りが可能となっていなければならない。

　要求定義の終了条件が満たされれば，画面や帳票などの**外部仕様**を確定することができる。すなわち，開発しようとするシステムが外部に対してどのような機能，インタフェースを提供するかなど，システムの外部から見てシステムが満たすべき要求を，仕様として定義することができる。そのため，外部仕様を実現するためのプログラムの**内部仕様**を設計する設計工程に進むことが可能になる。つまり，外部仕様に基づいて，ソフトウェア内部のアーキテクチャ，データ処理や管理の方法，アルゴリズムなどを仕様として定義することが可能になる。

2.2　要　求　の　特　徴

　要求には対象となる範囲がどこまでかによってシステム要求，ソフトウェア要求などいくつかのレベルがある。コンピュータシステムに対する要求を**システム要求**といい，その構成要素であるソフトウェアに対する要求を**ソフトウェア要求**という。いずれの要求にも，さまざまな立場（利用者，情報システム部門，経営者などの利害関係者）からの要求が含まれるため，重複や漏れがないように整理する必要がある。

　システム要求は，顧客の視点でビジネスにおける期待やシステムが満たすべき条件を重複や漏れなく整理したものである。顧客が理解できる表記法と用語で記述され，**顧客要求**とも呼ばれる。顧客から獲得する要求は，ソフトウェア，ハードウェアを含めたシステムに対する要求である。システム要求には原則的に人間系の業務に対する要求は含まれないが，初期の段階では人間系の業務に対する要求を含める場合もある。

　ソフトウェア要求は，コンピュータシステムのうちソフトウェア全体に対する要求である。ソフトウェアはコンピュータシステムの一部分を構成する構成要素であり，ソフトウェア要求はシステム要求から導き出される。一般的に私たちがビジネスで使用するシステムは，多くの場合，ハードウェアを開発の対象としないソフトウェアシステムであるといえる。そこで本書では，ソフトウェア要求のことを，要求と呼ぶことにする。

　要求には，以下のような特徴がある。

(1)　**抽出が困難である**：　多くの場合，利害関係者は多岐にわたり，それぞれが個々の立場から要求を挙げている場合が少なくない。それぞれの利害関係者が自分の目線から要求を提示するため，要求同士の内容が相反するものであったり，経営目標とは異なる方向性の要求が含まれていたりするため，一般に，挙がったすべての要求を実現することはできない。そのため，抽出した要求は内容を整理し，要求同士の衝突があれば折衝し，要求の妥当性を確認するというアプローチが必要になる。

　　また，顧客の業界・業務の専門用語，顧客固有の用語，顧客があって当然と思っているシステムへの要求など暗黙知の部分があると，開発側が必要な要求を把握しきれない可能性もある。開発側は思い込みを排し，インタビューなどを通して顧客の業務を十分に理解する努力が不可欠である。漏れた要求はシステムに反映されず，最終成果物であるシステムの品質を大きく左右する。要求抽出の技法を活用し網羅的に抽出することが一つの鍵になる。

(2)　**はじめから明らかなわけではない**：　顧客自身も最初からはっきりした要求を持ち合わせているとはかぎらない。顧客自身も気づかない潜在的な要求が後になってから出てくることもある。ときには顧客の気づかない要求を引き出すアプローチも必要になる。顧客の合意をとりながら要求を段階的に特定することで，あらかじめ明らかでない要求を詳細化し，確定することが可能となる。

(3)　**開発システムの品質に直結する**：　要求定義が以降のすべての成果物

のベースとなるため，間違った要求を定義してしまうと，その後の成果
物もシステム自体もすべて間違いを反映したものがつくられ，結果的に

コーヒーブレイク

プログラミングができるということ

　ある計測機器メーカーの社長さんから，つぎのようなことを依頼されたこと
があります。「御校出身のわが社の社員は，皆，プログラミングがよくできて即
戦力になっている。それに引き換え，他大学出身者にはプログラミング能力の
低い者が多いので，是非，うちの社員にプログラミング教育をしていただけな
いか？　土曜日などに何回か授業をしていただき，適当なプログラミング言語を
教えていただけないでしょうか？」

　そのご依頼に対して，私はつぎのようにお答えしました。「本学の卒業生が御
社でのソフトウェア開発で実力が発揮できているとしたら，それはプログラミ
ング言語を習得しているからだけではありません。プログラミング言語の習得
だけでよければ，巷（ちまた）の講習会でも受けていただければ十分です。本学の卒業生
にソフトウェア開発の実践力が備わっているとしたら，それは，もっと大切な
能力が備わっているからです。その能力というのは，ソフトウェアの「企画
力」と「設計力」です。」

　本書で，読者の皆さんに習得していただきたいのは，まさに，この「企画
力」と「設計力」なのです。例えば，就職先の上司から，「ＸＸを行うソフト
ウェアをつくって下さい」といわれたとしましょう。そのような要件を満たす
ソフトウェアの実現方法は，無数に存在します。そこで，まずは，「上司の要求
を満たすソフトウェアとしては，一体，どのような機能のものを実現すればよ
いのか？」についての「企画」をまとめなければなりません。

　さらに，実装すべきソフトウェアについての一つの企画が立ったとしても，
そのソフトウェアの実装方法は無数にありますので，どのような構造のソフト
ウェアとするかを設計しなければなりません。その設計がよければ，目的とす
るソフトウェアがつくりやすくなり，短時間でバグ（不具合）の少ないソフト
ウェアがつくれることでしょう。しかし，設計が悪いと，ソフトウェアの実装
にやたらと時間がかかり，しかも，ミスも入りやすくなります。

　読者の皆さんには，是非，本書での学習をベースにして，ソフトウェアの
「企画力」と「設計力」を養成していただき，真にプログラミングができる人に
なっていただきたいと思っています。

使えないシステムを開発することにつながりかねない。

　一方で，網羅的に要求を抽出すると要求の数が多くなるという問題がある。要求が徐々に明らかになる過程で，要求同士が不整合を起こしたり，時間の経過によって要求そのものが変化していくことも考えられる。要求がもつこれらの特徴は，システム開発のライフサイクル全般にわたって要求を管理し，妥当性を確認していくことの重要性を意味している。

2.3　要求定義の活動

　要求定義では，要求の抽出，分析，仕様化，妥当性確認の四つの活動[†]を行う。要求を入力として仕様がつくられるが，これらの各活動を一通り行って仕様ができ上がるわけではない。分析を行った結果，明確になっていない要求を再び抽出に戻って明確化する場合もあれば，妥当性確認を行った結果，分析モデルを再評価する場合もある。このように抽出，分析，仕様化，妥当性確認の活動間を行き来する過程で，要求の明確化，詳細化を段階的に進めていく。最終的に，システムで実現すべき条件としての仕様を定義し，つぎの設計工程に引き継ぐ。

　また，設計・構築までを通して行われる管理的な活動として，要求の管理がある。管理の活動には，要求や仕様の変更に対応するための要求に関する情報の管理や，依頼された変更の受け入れ可否を判断するための分析を行うなどの活動が含まれる。

2.3.1　要 求 の 抽 出

　要求の抽出活動の目的は，要求をもれなく抽出し整理することである。要求の抽出活動では，作業成果物や事前に得た情報を手掛かりに，インタビューな

[†]　本書では，人やチームに割り当てられた，ひとまとまりの作業を**活動**（activity）と呼んでいる。個々の活動では，与えられた入力が目的に沿って変換され，作業成果物として出力される。

どの手法を用いて利害関係者からシステムに関する要求をより詳しく聞き出していく。要求の元となるのは「システム開発提案書」などの企画活動の作業成果物や利害関係者へのインタビューから得られる要望などで，これらの要求の存在するところや出所を，**要求の生成源**という。

また，要求は，利害関係者の言葉や作業成果物にまとめられたもののように明示的に得られるものと，言葉や作業成果物に表されていない潜在的なものがある。要求定義の四つの活動（要求の抽出，分析，仕様化，妥当性確認）を繰り返しながら，要求を徐々に明らかにしていく必要がある。

〔1〕**要求の生成源の特定**　　前述のとおり，個々の要求を生み出す要求の発生源のことを要求の生成源という。要求を網羅的に抽出するためには，まず生成源がどこにあるかを整理し，引き出された要求と生成源を対応づけて分類・管理することで，要求の根拠の裏づけを行う。

要求には各部門の関係者など，「人」から出てくる要求もあれば，ビジネスの高次の目標やシステムが使われる「環境」から出てくる要求もある。要求がどこから生み出されるものであるのかを把握した上で，特定された生成源から適切な方法で要求を確認し，より詳細な情報を収集することが必要である。要求の生成源の例を以下に示す。

(1) **目　　標**：　システムが達成すべき目標

(2) **ドメイン知識**：　システム対象の業務に関する知識

(3) **利害関係者**：　システムと直接的または間接的に関わりをもつ人または組織

(4) **運用環境**：　システムを実行する環境

(5) **組織環境**：　システムを利用，運用する組織やその構造および文化

利害関係者以外の大きな生成源として，システム開発提案書がある。これは企画工程からの作業成果物であり，目標やドメイン知識（業務知識）などの情報が含まれるため，広い意味で生成源の一つと捉えることができる。

〔2〕**利用者の視点**　　システムに必要な機能や，システムの使い勝手を検討する際に，開発者が過去の経験や推測だけをもとにして，開発側の思惑や推

測で，機能やユーザインタフェースの設計を進めてしまうことが起こりがちである。

　しかし，実際にシステムを使って日々の業務を行うのは利用者であり，現場を熟知している利用者の視点を無視してシステムをつくることは，使えないシステムをつくり上げることに等しいといえる。使い勝手のよいシステムを構築していくためには，要求定義の段階から，利用者の視点をもって要求の抽出を行っていく意識が重要である。

　利用者の視点に立って要求の抽出を進める上で重要なことは，利用状況や特性などに不明な点がある場合には，インタビューやレビューの機会を設けて利用者に確認を行うことである。開発者の思惑や推測だけで作業を進めてはならない。

〔3〕　**要求一覧の例**　　要求の抽出の成果物サンプルとして，要求一覧を**表2.1**に示す。この要求一覧には，あるレンタル DVD 店の貸出・返却システムについての要求内容，背景・理由，要求の生成源を示す「要求元」が示されて

表 2.1　要　求　一　覧

ID	要 求 内 容	背景・理由	要求元	優先度	採　否	備　考
REQ001	レンタル DVD の貸出・返却を管理できること		企画部門			
REQ002	タイトル数は最大100 万件を扱えること		企画部門			
REQ003	現行システムの顧客情報とポイントカードシステムは残す		新宿支店			
REQ004	Web からも借りたい DVD を予約できること	ユーザアンケートから	マーケティング部門			
REQ005	トレンド分析できること	担当部長の意向	マーケティング部門			
REQ006	会員に新着情報をメールでアナウンスできること	他社では先月からサービス開始	マーケティング部門			

いる。その他に，要求を識別するための「ID」が記述されているが，「優先度」や「採否」などはまだ判断されていない段階を提示しているため，すべての欄が埋まっていない状態である。

「ID」は他の要求と識別するために必須の項目である。他と重複することのない一意的な番号を付しておく必要がある。また，表 2.1 の要求一覧では，「ID」，「要求内容」，「背景・理由」，など必要最低限の項目を掲載しているが，実際にはこれ以外にも，プロジェクトの特性に応じて必要な項目を追加して作成する。

表 2.1 の要求一覧において，REQ002 の「タイトル数は最大 100 万件を扱えること」という要求と，REQ003 の「現行システムの顧客情報とポイントカードシステムは残す」という要求は，場合によっては衝突する可能性がある。

例えば，タイトル数として 100 万件を扱えるように貸出・返却システムを増強した場合に，従来の顧客情報システムやポイントカードシステムの仕様を変える必要が生じたりすると，かなり大幅なシステムの改修が必要になることが起こり得る。さらに，そのような大幅改修のための必要経費を支払えるか？というコストの問題が発生したり，改修後の新システムの納期の問題などで，大幅改修が可能か否かの判断も必要になってくる。

このように，二つ以上の要求を実現しようとした際に，要求同士の関係が相反する結果を招くことを，「**要求の衝突・競合**」と呼ぶ。このような衝突や競合を解決するために，後述の要求折衝が必要となる。

2.3.2　要 求 の 分 析

要求の分析活動の目的は，抽出した要求を仕様作成の入力となるように分析し，利害関係者間で合意することである。分析は開発者が要求を理解するために行い，いろいろな側面から眺めることで全体を理解していく。

個々の要求についての完全性や実現可能性，検証可能性などを確認し，要求の集合全体に対しては，整合性，一貫性などを確認する。確認の結果，要求の競合や不整合が見つかった場合には，後述の要求折衝を実施して競合を解決

し，利害関係者間でトレードオフを合意する。

〔1〕 **要求のクラス分け**　　抽出した要求に対して，要求のクラス分けを行う。プロジェクトの特性に応じてどのようなクラス分けが必要かを判断し，その結果，要求属性が決まる。ここで，**要求属性**とは，要求がもつさまざまな情報を整理したもので，要求を全工程にわたって効率的に管理するための補助的な情報のことをいう。クラス分けを行って要求を整理することにより，要求間の矛盾や衝突が見つけやすくなる。代表的なクラス分けの観点を，以下に挙げる。

(1) **誰からの要求か？**：　要求の発生元（生成源）を特定する。要求は，特定の部署や人物から発生している場合もあれば，ビジネスの目標や業界ルールなどの環境から発生している場合もある。

(2) **なにに対する要求か？**：　例えば，「プロダクト」に対する要求か，「プロセス」に対する要求かを切り分ける。「プロダクト」に対する要求の場合は，「システム」に対する要求か，あるいは「ソフトウェア」に対する要求かで，さらに区別していく。

(3) **どのような要求か？**：　例えば，「機能」に対する要求か，「非機能」に対する要求かでクラス分けを行う。非機能は通常，品質特性で分類する。

(4) **変化しやすい要求か？**：　確定しやすい要求か，将来変化しやすい性質をもつ要求かを判定する。その度合いを，例えば「高」，「中」，「低」の3段階などのレベルに分類する。

(5) **優先度の高い要求か？**：　優先して実現すべき要求か否かを判定する。その度合いを，例えば「高」，「中」，「低」の3段階などのレベルに分類する。

〔2〕 **要求折衝**　　二つ以上の要求を実現しようとした際に，要求同士の関係が相反する結果を招く場合や，一方の要求を実現すれば他方の要求が実現できないといった要求同士のぶつかり合いや矛盾のことを，要求の衝突・競合と呼ぶことはすでに述べたが，それらの衝突や競合を解決するために利害関係者間で調整することを**要求折衝**という。

要求折衝には，一方を採択して一方を却下するという選択をする方法もあれ

ば，優先度を見直して実現時期をずらす方法もある。いずれの要求も切り捨てられない場合には，妥協点を見出した新たな要求を立てることで解決を図ることもある。

　一方を立てれば他方が立たないという二律背反する状態での交換取引が，**トレードオフ**である。トレードオフは，企業の目標，施策，課題や品質，コスト，納期と照らし合わせて採否を判断した上で，決めることになる。

2.3.3　要求の仕様化と妥当性確認

　要求の仕様化の目的は，要求の抽出と要求の分析において抽出，分析された要求を仕様化し，定義することである。具体的には，以下の事項が挙げられる。

　・抽出した要求を記録し，仕様として「要求」を定義する。

　・分析結果，折衝結果を仕様に反映する。

　・下記の「妥当性確認」の結果を仕様に反映する。

　要求・仕様の妥当性確認活動の目的は，要求・仕様が正しいかどうかを確認することである。妥当性確認の活動で得た確認結果は，必要に応じて「抽出」，「分析」，「仕様化」それぞれの活動にフィードバックしていく。それぞれのフィードバックの流れは，以下とおりである。

　1) **修　　正**：　妥当性確認の結果，漏れや矛盾が発生していれば，抽出に戻って生成源に当たり，確認や新たな抽出を行う。

　2) **再　評　価**：　妥当性確認の結果，分析の不足や誤りがあれば，分析に戻って詳細な分析を行ったり，分析時の評価の観点を変えて再評価を行う。

　3) **再　作　成**：　仕様化された作業成果物の記述に誤りや不足があれば，仕様化に戻って成果物を再作成する。

　このように，抽出，分析，仕様化，妥当性確認の活動は，一度行えばすむというような単純な道筋で進められるものではない。これらの繰返しの過程を経て，要求や仕様は洗練され，次工程の設計に耐えうるレベルにまで正確で漏れのないものになっていく。妥当性確認の結果は，もれなく作業成果物に反映されなければならない。

■■■ ま と め ■■■

(1) **要求定義とは？**
- 要求定義は，システムに対する要求を抽出し，分析した結果を設計のベースとなるように，仕様化することを目的とした活動である。
- 要求定義フェーズの前フェーズには，企画フェーズがあり，要求定義フェーズを行うには，「システム開発提案書」の情報が必要となる。

(2) **要求定義の目的と終了条件**
- **目　的**：　顧客の要求を分析・定義し，システム化対象範囲を確定するとともに，実現できるシステム方式をほぼ確定すること。
- **終了条件**：　主な業務の分析が完了し，機能仕様が確定していること。および，機能数，画面・帳票数，データ項目の洗い出しが完了し，ハードウェア・ソフトウェアの見積りが可能なこと。

(3) **システム要求とソフトウェア要求**
- システム要求は，顧客の視点でビジネスにおける期待や，システムが満たすべき条件を重複や漏れなく整理したものである。顧客が理解できる表記法と用語で記述され，**顧客要求**ともいう。
- ソフトウェア要求は，コンピュータシステムのうちソフトウェア全体に対する要求である。ソフトウェアはコンピュータシステムの一部分を構成する要素であり，ソフトウェア要求はシステム要求から導き出される。

(4) **要求の特徴**
- 抽出が困難である。
- はじめから明らかなわけではない。
- 開発システムの品質に直結する。

(5) **要求のクラス分け**　抽出した要求に対して，要求のクラス分けを行う。クラス分けを行って要求を整理することにより，要求間の矛盾や衝突が見つけやすくなる。代表的なクラス分けの観点には，以下のようなものがある。
- 誰からの要求か？
- なにに対する要求か？
- どのような要求か？
- 変化しやすい要求か？
- 優先度の高い要求か？

3 ソフトウェア設計

3.1 ソフトウェア設計の基礎

　ソフトウェア設計工程では，要求定義で定義された仕様をもとに内部構造を詳細化し，ソフトウェアをどのように実現するかを決めていく。設計の目的は，機能要求を詳細化し，かつ，割り当てられた仕様を満たすコードを作成できる程度まで設計を行うことである。設計の終了条件は，ソフトウェア構築設計が完了していることである。

3.1.1　ソフトウェア設計とは

ソフトウェア設計とは，要求定義活動の出力であるシステム仕様をもとに，構築活動においてコーディングが可能になるまで，ソフトウェアを詳細化していくことである。前工程までで得たシステム仕様を「どのようにして実現するか」を，各ソフトウェア構成要素について繰り返し考えながら詳細化を行う。この「どのようにして実現するか」を具体化する作業には，大きく分けて以下の二つがある。

(1)　**内部構造を詳細化する**：　内部構造は，**静的構造**と**動的振舞い**の二つの側面から詳細化する。ここで，静的構造とは，分割により抽出された下位ソフトウェア構成要素の記述と，それらの要素間の関係の記述からなる（各下位ソフトウェア構成要素の仕様も特定される）。一方，動的振舞いとは，設計対象のソフトウェア構成要素の状態遷移，内部の振舞い

や，内部の処理フローを記述したものである。

(2) **実現手段を特定する**：　実現手段の特定とは，設計上の課題に対して，それを解決して実現するためのメカニズム（仕組みや処理方式）を決定することである。

3.1.2　ソフトウェア設計原則

ソフトウェア設計原則は，ソフトウェア設計を行うための重要な基礎知識である。ここでは，ソフトウェア設計の基礎知識として，以下の原理・原則について学んでいく。

(1) **分 割 統 治**：　そのままでは解決できない問題を部分問題に分割し，分割の結果得られた部分問題に対する解を統合することで，最初の問題を解決しようとする考え方

(2) **モジュール強度**：　モジュール内の要素の関連の強さを表す指標

(3) **モジュール結合度**：　モジュール間の関連の強さを表す指標

〔1〕 **分 割 統 治**　　**分割統治**とは，そのままでは解決できない問題を分割して，最終的な問題を解決しようとする考え方である。ソフトウェア設計における分割統治とは，モジュール分割によって複雑なソフトウェアを設計することを意味する。そのため，ソフトウェアを独立性の高いモジュールに分割することが重要になる。

具体例として，スマートフォンなどに搭載されている時計のプログラムを作成する場合を考えよう。分割統治を利用して時計を，例えばつぎのようにモジュール分割することができる（**図 3.1**）。

・まず「時計」を「時計機能」と「アラーム機能」に分割する。

・さらに，「時計機能」は「時刻表示」と「時刻設定」に分割する。

・「アラーム機能」は「アラーム時刻設定」と「アラーム」に分割する。

「時刻設定」と「アラーム時刻設定」をさらに分割していくと，ある程度汎用的な処理を行ういくつかの共通モジュールに集約されていく。

このように，ソフトウェア設計においては，モジュール分割を行って複雑な

【分割統治法のメリット】
・各モジュールの影響範囲を局所化できる。
・モジュールを並行して開発できる。
・モジュールの追加が容易となり，拡張性を確保できる。

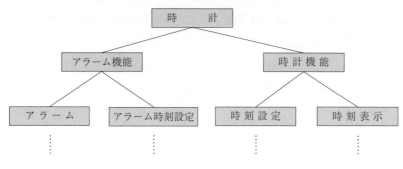

図3.1　分割統治法

ソフトウェアを段階的に詳細化し，設計していく。この**段階的詳細化**は，設計対象であるシステムの機能を，大きな構成要素から小さな構成要素へと段階的に詳細化する手法である。

　分割されたモジュールが妥当なものかどうかを示す基準としては，以下のものが知られている。

・**モジュール構造図の形状**：　モジュール構造図の形状は，一般的にモスク型がよいといわれている。図3.1のように，ある程度モジュールを分割していき，共通モジュールとしてまとめていくことでモスク型のモジュール構造になる。

・**個々のモジュールの大きさや階層の数**：　小さなモジュールに分割するとプログラムの作成は簡単になるが，無意味に分割してしまうと，逆に複雑さを増加させ，わかりづらいものとなる。開発によって分割指針は異なるが，適切な大きさ（1モジュールが300〜500ステートメント程度）や階層構造の数（5階層程度）の基準を参考にしてモジュール分割を行う。

・**モジュールの独立性**：　モジュール分割を行う場合，モジュールの独立性が高くなるように分割することが重要である。各モジュールの機能が独立し，それぞれのモジュールの関連が単純になるように分割することでモ

ジュールの独立性が高くなる。これにより、モジュールに修正が発生した場合、変更の影響範囲を狭くすることができる。また、テストや保守がしやすくなる。

〔2〕 **モジュール分割の具体例**   モジュール分割の例として、時計モジュールを考えてみよう。

時計モジュールは、時刻を設定する、時刻を表示する、アラームを設定する、アラームを鳴らすなどといった機能をもっている。

この機能を一つのモジュールですべて実現すると、時計表示の修正、アラームの音色の修正のようなさまざまな要求で、時計モジュールを変更しなければならなくなる。

モジュール分割の悪い例では、時計モジュールとアラームモジュールを分割している。時刻表示に関係する部分と時刻設定に関係する部分が分割されていないため、時計の表示がアナログからデジタルに変更になった場合、アラームモジュールにも影響が出てしまう（**図3.2**）。

モジュール分割のよい例では、各機能にただ一つのモジュールが対応するように分割されているため、表示に関する修正が入った場合も、時刻表示モジュールの変更だけで対応することができ、アラームモジュールに影響が出る可能性が低くなる。このように機能をうまく分割することで変更による影響範囲を狭くすることができる。また、変更すべき箇所がより明確に分かるようになる。

上記の例からもわかるように、分割統治を適用するメリットとしては、以下の事柄が挙げられる。

(1)   一つのわかりやすい機能を、構成要素の分割の境界とすることができる。

(2)   モジュールに分割しておくと、他の機能との複雑な関連を考慮しなくてよくなり、その小さな機能にのみ集中できる。

(3)   プログラム開発者は、モジュールの機能と呼出し形式のみを知っていれば、その機能を実現することができ、生産性や品質の向上にもつなが

【ポイント】 時計表示の修正（デジタル-アナログの切替）などの要求があると，時計モジュールを変更しなければならないが，その際，変更の影響する範囲が狭くなるように，時計モジュールの機能を分割するのがよい

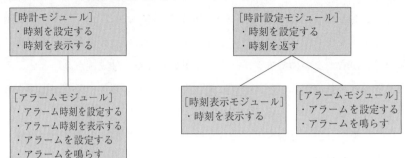

（a） モジュール分割の悪い例
時計モジュールにおいてアナログからデジタルへ時刻表示を変更すると，アラーム時刻の表示に関してアラームモジュールにも影響が出る

（b） モジュール分割のよい例
アナログからデジタルへ時刻表示を修正するには，時刻表示モジュールだけを修正すればよい

図3.2 モジュール分割の具体例

る。

〔3〕 **モジュール強度**　モジュールの独立性を図る尺度として**モジュール強度**がある。モジュール強度の種類は，以下のとおりである。

- **機能的強度**：　単一の機能を実行するモジュール
- **情報的強度**：　同一のデータを使用する複数の機能をもつモジュール
- **連絡的強度**：　たがいにデータを受け渡し合う複数の機能をもつモジュール
- **手順的強度**：　連続して実行され，仕様上関連している複数の機能をもつモジュール
- **時間的強度**：　同一の実行時期に連続して実行される複数の機能をもつモジュール
- **論理的強度**：　条件によって，いずれかを実行するよう関連づけられた複数の機能をもつモジュール

・**暗合的強度，偶然的強度**： 関連のない複数の機能をもつか，偶然に集められたモジュール

機能的強度とは，単一の機能を実行するモジュールの強度のことだが，例えば，会計金額計算だけを行うモジュールAを，別なモジュールBが呼び出しているような場合がこれに相当する。モジュールAは，会計金額計算の単一機能だけしかもたないのでモジュール強度が最も強く，独立性が高いといえる。

モジュール強度が強いと，変更に強い設計となり，変更や問題が影響する範囲を狭くすることができる。

〔4〕 **モジュール結合度**   モジュールの独立性を図るもう一つの尺度として**モジュール結合度**がある。モジュール結合度の強い設計は，特定箇所の変更が他モジュールに影響を与える。モジュール結合度の弱い設計は，全体として見通しがよく，一部で起こったエラーがシステム全般に伝播する「波及効果」を起こしにくくなる。モジュール結合度の種類は以下のとおりである。

・**データ結合**： 使用するデータ要素のみを引数として受け渡す結合
・**スタンプ結合**：   使用するデータ要素を含むデータ構造を引数として受け渡す結合
・**制御結合**： 他のモジュールの制御情報を引数として受け渡す結合
・**外部結合**： モジュール同士が外部のデータ要素を共有する結合
・**共通結合**： モジュール同士が外部のデータ構造を共有する結合
・**内部結合**： 他のモジュールの内部を直接参照している結合

データ結合とは，使用するデータ要素のみを引数として受け渡す結合である。例えば，モジュールAが，モジュールBの実行する処理Bを利用したいときに，引数でデータをモジュールBに渡し，処理Bを実行する場合がこれに相当する。モジュールAは，モジュールBをブラックボックスとして取り扱い，必要なデータだけを引数として渡して利用する。データ結合は，モジュール結合度が最も弱く，それぞれのモジュールが影響を受けにくくなる。

一般に，モジュール結合度が弱いと再利用率が高まり，かつ，テストや保守がしやすくなる。

3.2 ソフトウェア設計の活動

3.2.1 ソフトウェア設計活動の流れ

ソフトウェア設計は，段階的な詳細化の原則に従い，設計レベルを以下の3段階に分けている。

(1) **ソフトウェアアーキテクチャ設計**： 上位レベルでソフトウェアを分割するとともに，以降さらに分割していく際の方針を示す。また，ソフトウェア全体で重要なメカニズム（仕組み・処理方式）を決定する。

(2) **ソフトウェア詳細設計**： (1)で分割された各ソフトウェア構成要素について，割り当てられた仕様を満たすように内部を設計する。必要に応じて，さらに(1)で定められた方針に基づいて，より細かい構成要素へと分割を繰り返す。

(3) **ソフトウェア構築設計**： (2)で分割された各ソフトウェアモジュール（最小のソフトウェア構成要素）について，割り当てられた仕様を満たすソースコードが作成できるレベルまで詳細に内部設計を行う。近年の開発では，コーディングと並行して行うことも多くなった。

各設計活動ではその役割を明確に区別し，作業の順序，担当する要員などを最適に計画する必要がある。設計を段階的に分けなければならない理由は，以下のとおりである。

・各設計は，そこで行う作業内容も異なるので，当然それを実施する設計者に要求されるスキルセットも異なる。一般に，ソフトウェアアーキテクチャ設計は，設計に関する多くの知識と経験が必要で，詳細設計や構築設計では，業務知識やプログラム言語の知識が必要になる。

・ソフトウェアアーキテクチャ設計を行わずに設計作業を進めると，個々のソフトウェア設計者が，統一的な方針なしにソフトウェアの分割を行うので，全体の構造がばらばらになり，保守性が悪くなる。また，複雑なメカニズムを個々の設計者が意識しなければならず，全体として生産性，品質

が低下する。

内部構造の詳細化とは，ソフトウェア構成要素の分割を行い，ソフトウェア仕様を特定していくことである。本書では，ソフトウェアのコンポーネントはすべて「ソフトウェア構成要素」と表現している。

ソフトウェア構成要素は，段階的に設計を進めるに従って，より小さい構成要素に繰り返し分解されていく。この過程で，上位レベルの設計で識別された構成要素は段階的に詳述化され，ソフトウェアモジュールとして確定していく。便宜上，最小レベルの構成要素のみを「ソフトウェアモジュール」と呼んでいる。これは，Java などのクラスに相当する。このような設計の進め方により，複雑なソフトウェアが単純な部分に分割されて扱いやすくなる。

ソフトウェア構成要素は，ソフトウェアアーキテクチャ設計，ソフトウェア詳細設計の活動を通じて**ソフトウェアモジュール**（最小ソフトウェア構成要素）まで分割される。最終的に，各ソフトウェアモジュール内部はソフトウェア構築設計により，ソースコードが記述できる詳細レベルまで設計される。

「仕様」は，各ソフトウェア構成要素が満たすべき条件を定義したものである。一方，「設計」は，仕様を満たすための内部構造およびメカニズム（仕組み・処理方式）を明らかにしたものである。対象となる構成要素について，まず「仕様」が与えられ，それを満たすように内部が「設計」される。ソフトウェアの構成要素は階層的な繰返し構造なので，各レベルの構成要素について，「仕様定義」とその「設計」が繰り返し行われることになる。

3.2.2 ソフトウェアアーキテクチャ設計

「**ソフトウェアアーキテクチャ設計**」の活動では，ソフトウェア全体の基礎的な構造とソフトウェア構成要素を組織化するための方針を決定する。構造には，構成要素とその関係を含む。

ソフトウェアを設計するにあたっては，解決すべきさまざまな課題がある。例えば，複数の人が同時に利用するシステムでは，課題として，同時に更新を行ったときに共有するデータに不整合が起こらないようにする必要がある。

アーキテクチャ設計では，このような課題のうち主要なものに対して，それを解決するためのメカニズム（仕組み・処理方式）を考える必要がある。上記の課題に対しては，例えば，排他制御（誰かが更新しているときは，他の人は更新できないようにする）のメカニズムを設計する。

　フレームワーク，ミドルウェアの利用を検討するのも，ソフトウェアアーキテクチャ設計の作業になる。ソフトウェアは，一からすべて開発することは少なく，多くの場合，市販製品，オープンソース，社内製品など，すでにあるものを利用して開発を行う。既存のフレームワークを利用する場合は，そのフレームワークの提供する機能で十分かどうかのギャップ分析を行い，場合によってはフレームワークの機能拡張を行うことも考える。

　フレームワークとは，アプリケーションソフトウェアを作成する際によく利用される機能を提供する，アプリケーションの土台となるソフトウェアのことである。ソフトウェア開発にフレームワークを利用すると，フレームワークで提供されている機能についてはアプリケーションで実装する必要がなくなり，開発効率を高められる。

　設計規則，設計制約，標準の適用など，以降の設計作業に伝えたい事項は，文書化しておく。これにより，アーキテクチャの方針が全体で守られ，品質が向上する。アーキテクチャ設計結果とは別に文書化されることもある。

3.2.3　ソフトウェア詳細設計

「**ソフトウェア詳細設計**」の活動では，ソフトウェア構成要素の仕様をもとに，内部構造を特定することが目的となる。ソフトウェア詳細設計を行う場合，ソフトウェア構成要素の内部構造を，以下の側面から詳細化する。

  (1)　**静 的 構 造**：　ソフトウェアの階層構造やモジュール構成など構造的な側面を詳細化する。例えば，Java での最小ソフトウェアモジュールは，クラスとなる。

  (2)　**動的振舞い**：　時間経過やイベント発生によるデータの状態遷移，システムが提供する機能ごとの処理フローなど，動作的な振舞いを記述す

る。

ソフトウェア詳細設計では，上記の側面に関して，最小レベルのソフトウェアモジュール（Java ならばクラス）の仕様が決定するまで，ソフトウェア構成要素を分割し，仕様を確定する。ソフトウェア構成要素を，さらに下位のソフトウェア構成要素に分割する場合は，分割後の構成要素の仕様を記述する。ソフトウェア詳細設計の出力作業成果物は，ソフトウェア構成要素の内部設計と下位構成要素の仕様である。

ソフトウェア詳細設計では，ソフトウェア構成要素を段階的に詳細化していく。また，処理条件の詳細検討やデータ項目の整理を行い，それらの結果を詳細仕様として処理定義書などに記述する。構成要素の詳細化の過程では，内部構造を静的構造と動的振舞いの二つの側面から検討し，必要に応じてさらに下位の構成要素に分割していく。

3.2.4 ソフトウェア構築設計

「**ソフトウェア構築設計**」の活動では，詳細設計をもとに，ソフトウェアモジュールを実装可能なレベルまで詳細化する。ソフトウェア構築設計は，コーディングにあたって内部属性や内部ロジックを明確化する必要がある場合などに，必要に応じて行う。ソフトウェア構築設計は，以下のように進める。

1) **設計課題の特定**：　対象のソフトウェアモジュール内で解決すべき非機能仕様を抽出する。例えば，保守性やテスト容易性に関する課題，選定すべきアルゴリズムなどが挙げられる。

2) **内部構造の詳細化**：　対象のソフトウェアモジュールを静的構造，動的振舞いの側面から詳細化する。複雑で処理内容が大きな操作・手続きは，保守性をよくするため，内部でさらに複数の操作・手続きに分割する。

　　　例えば，ビデオを借りたい会員に対して，さまざまなケースで値引率が変わるような場合に，その計算の仕方をフローチャートで示すことなどが挙げられる。

3) **アルゴリズムの特定**：　複雑な処理や複数のアルゴリズムが想定できる

場合は，最適な一つのアルゴリズムを選定し，コーディング時に誤りが起きないように，フローチャートなどを用いて機能構造を明示する。

　例えば，貸出しに対する商品在庫の引当て処理は，処理対象データの件数がデータベースに登録されているデータの件数と比較して多いので，マッチングアルゴリズムを適用して性能向上を図る必要がある。

4)　**設計の評価：**　与えられた設計課題を満足しているかどうかを評価する。

コーヒーブレイク

スティーブ・ジョブズのスピーチ・点をつなぐ

　スティーブ・ジョブズがスタンフォード大学の卒業式で行った有名なスピーチから，「点をつなぐこと」のお話を紹介します。

　ジョブズは米国のリード大学を6箇月で中退し，正式に退学するまでの18箇月間ほど学校内をうろついていたそうです。大学に入学して半年後に，ジョブズは大学に価値を感じなくなったため，退学することにしたのです。

　その決心をしたときから，彼は，自分の興味をひく授業に潜り込むようになったそうです。彼が中退して興味をもったのは，当時のリード大学で行われていたカリグラフィの授業でした。その授業で，彼はセリフやサンセリフなどの書体や，文字間の調整などについて学びました。当時のジョブズは，カリグラフィが自分の人生に役立つとは思っていませんでしたが，10年後に彼が最初のマッキントッシュをつくるときになってその知識が役立ちました。

　Macは美しい活字を備えた世界初のコンピュータになったのです。大学でカリグラフィの授業に巡り会わなければ，Macにたくさんのフォントが搭載されることはありませんでした。ジョブズは，そのような出来事のつながりを大学時代には予想していませんでしたが，10年後に振り返ると，点のつながりにはっきりと気づいたそうです。つまり，いまやっていることがどこかにつながると信じていれば，それが人生に違いをもたらすのです。

　ハーバード大学ビジネススクール教授のエイミー・ローウェルは，「教育とは，思想を人間の無意識のポストに入れるようなものだ。投函されたことはわかるが，いつ，どんな形で相手の手に届くかはわからない」と語っています。学生時代，あるいは，若い時期に，自分の心のポストにいろいろな手紙を受け取っておきましょう。そうしないと，未来の自分はなにも受け取ることができないのですから。

5)　**設計書の完成**：　2), 3) で作成したモデルを設計書としてまとめる。

ソフトウェア構築設計の作業成果物　　ソフトウェア構築設計の目的は，コーディングにあたって必要となる内部属性や内部ロジックを明確化することである。その目的のために，設計対象のモジュールについて，静的構造および動的振舞いの側面から内部構造を記述する。

静的構造は，例えば，Java の場合は，最小ソフトウェアモジュールのクラスとなる。動的振舞いとしては，複雑な処理を行う関数やメソッドの内部処理を詳細化する。単純な処理や自明のアルゴリズムを使う関数やメソッドについては，詳細化の必要はない。これ以外の要素として，コーディングおよびユニットテストのために，伝達すべき制約や留意事項があれば挙げておく。

3.3　ソフトウェア設計の技法

3.3.1　構 造 化 設 計

構造化設計は，システムを階層的な枠組みとしてとらえ，システムの機能を実装しやすい単位まで段階的に分割する手法である。一般に，システムの規模が大きくなると，システム全体を一度に捉えることが難しくなる。したがって，開発者が捉えるべきシステム化範囲を狭め，プログラム作成を簡単にする目的で，システムを小さな構成要素に分割する。しかし，無秩序に分割してしまうと，逆に複雑さが増加し，プログラム作成が困難になる。したがって，構造化設計を行う場合，以下の作業方針に従って作業を進める。

1)　**階層構造の定義**：　**段階的**にシステムの機能とその構造を明確にし，階層を定義する。ただし，階層を過度に深くすることは避ける（最大 5 階層程度）。

2)　**モジュール分割**：　モジュール分割の技法を使用して，構築ができるレベルまで機能を分割する。モジュールの適切な大きさは，1 モジュール当り 300〜500 ステートメント程度である。

3)　**独　立　性**：　モジュール強度を強め，モジュール結合度を弱くするこ

とで，分割後のモジュールの独立性を高める。

3.3.2　オブジェクト指向設計

オブジェクト指向とは，システム化対象業務に登場する情報や帳票，および画面などの操作対象に着目し，それらをオブジェクトとして捉え，システムの構成要素とする考え方である。その性質上，オブジェクトには，システムで使用するデータとそれを操作する処理が内包される。オブジェクト指向設計では，「抽象データ型」と「カプセル化・情報隠蔽」，「インタフェースと実現の分離」，および「汎化」の基本概念に従ってシステムの構造を考える。

〔1〕**抽象データ型**　　**抽象データ型**とは，データとデータに対する処理を一まとまりにする概念である。抽象データ型では，データの内部構造を外部から隠蔽し，目的に応じて定義された操作だけを，そのデータに対するアクセス手段として提供する（カプセル化・情報隠蔽と呼ぶ）。例えば，Java ではクラスやパッケージがカプセル化の単位となる。

　例えば，DVD レンタル店の会員の「データ」と，そのデータに対して適用可能な会員検索やポイント加算などの「処理」を一体化したクラスが，抽象データ型の具体例となる。このようにデータと処理が同一モジュールにまとめられていると，例えば，「予約データ」の検索処理を 1 箇所にまとめて配置することが可能になる。そのようにしておくと，「予約データ」の検索処理の内容が変更になっても，修正は 1 箇所だけですむ。

　一方，データと処理が分離していると，例えば，「予約データ」に対する検索処理が「予約確認」と「貸出し確定」に分散する可能性がある。そうすると，「予約データ」の仕様変更などが原因で検索処理の内容が変更になった場合に，複数の処理に対して修正を行う必要が生じる。

　このように，抽象データ型により，モジュール強度を情報的強度まで強くすることができるので，モジュールの独立性を高めることができる。

〔2〕**カプセル化・情報隠蔽**　　**カプセル化・情報隠蔽**とは，細かい構造を外部から隠蔽し，外部からは公開された手続きでしか操作ができないようにす

る考え方である。オブジェクト指向設計では，このカプセル化・情報隠蔽の基本概念に従って，オブジェクトを設計する。モジュールは，自身のもつ情報のうち，他のモジュールが必要としない情報は，他のモジュールから参照できないように設計すべきである。

　例えば，「口座モジュール」の残高に「利用モジュール」から直接アクセスできるようなシステムは，「口座モジュール」がカプセル化されていない事例である。この場合，もし残高のデータ構造に変更があった場合には，その影響が「利用モジュール」にまで波及し，「利用モジュール」の変更も必要となる。

　このケースで，「口座モジュール」をカプセル化するには，「口座モジュール」のデータ構造とその実現手段を隠蔽する。そして，「利用モジュール」が「口座モジュール」にアクセスする場合には，「口座モジュール」が公開している「預け入れ」の手続きを利用することにする（「口座モジュール」の残高には直接アクセスできないようにする）。このようにすると，残高のデータ構造に変更があった場合，口座モジュールの実現手段に影響は出るが，利用モジュールには影響が出にくくなる。

　カプセル化・情報隠蔽を行うメリットは，以下のとおりである。

・他モジュールにとって必要な部分だけを公開し，その他の部分を隠蔽することで，他モジュールの開発者に必要となる情報が少なくなり，生産性が向上する。

・自モジュールの実現手段やデータ構造を変更しても，その影響が他のモジュールに及びにくく，保守などで修正が必要になったとき，修正による影響を最小限に抑えられる。

　このように，カプセル化を行うことで，内部結合の状態（他オブジェクトから自オブジェクトの内部情報を直接参照される状態）を回避し，独立性の高いモジュールにすることができる。

〔3〕 **インタフェースと実現の分離**　　**インタフェース**とは，システムがクライアントに公開する情報（操作の呼出し方など）を定めたものである。**インタフェースと実現の分離**は，インタフェースと，操作の具体的な処理手続きの

二つを分離し，インタフェースのみをクライアントへ公開するという考え方である。

インタフェースを適用していない例としては，「時計」のモジュール（利用モジュール）が，「アナログ時計表示モジュール」や，「デジタル時計表示モジュール」の実現部分に直接アクセスし，時刻を表示するケースが挙げられる。この設計では，実現部分に修正が入った場合，「時計」モジュールにも影響が出てしまう。

この場合に，「時計」モジュールと，実現部分の時刻表示モジュールとの間に「時計表示インタフェース」を挟むと，実現部分の修正をインタフェースが吸収するので，「時計」モジュールには影響が出ない。また，インタフェースを適用することにより，「時計」モジュールと実現部分が分離されるので，開発を分業しやすくなる。

インタフェースと実現を分離するメリットは，以下のとおりである。

・インタフェースの適用により，実現部分と利用モジュールが分離され，両者の依存性を低くすることができる。

・実現側モジュールの変更による影響範囲を，最小限にできる。

このようにインタフェースを導入することで，モジュール結合度を下げることができる。ここで説明した基本概念に従って，利用者に必要なインタフェースのみを公開して，利用者が部品として使用できるように設計したプログラムのことを，**コンポーネント**と呼ぶ。複数のコンポーネントを組み合わせて再利用することで，生産性が向上する。

〔4〕**汎　　化**　**汎化**とは，複数のモジュールで共通に使用する属性や操作を共有化する，という考え方である。

汎化を適用していない設計事例としては，普通預金口座モジュールと定期預金口座モジュールの両方で，「残高」属性と「残高照会」操作を定義する事例が考えられる。この事例では，操作のまったく同じ定義を別々のモジュールでしている。例えばこの例で残高照会に不具合が発見された場合には，同じ不具合修正を二つのモジュールに対して施す必要が出てくる。

一方，汎化を適用した場合には，残高属性と残高照会操作を共通のモジュールとして定義し，普通預金口座モジュール，定期預金口座モジュールからは汎化で共通モジュールの属性や操作を利用できるようにする。もし，この状況で残高照会に不具合が発見された場合には，共通モジュールの同操作を修正すれば，汎化で利用している普通預金，定期預金口座モジュール両方に修正を反映できる。このように汎化を利用することで，複数のモジュールに点在した同じ定義を共通化できる。

■■■ ま　と　め ■■■

(1) **設計の定義・目的・終了条件**
- ・設計工程では，要求定義で示された仕様をもとにソフトウェアの内部構造を詳細化し，どのように実現するかを決定して，その結果を構築の入力になるように記述する。
- ・設計工程の目的は，機能要求を詳細化し，与えられた仕様を満たすコードが作成できる程度にまで実装について詳細に検討することである。
- ・設計工程の終了条件は，ソフトウェア構築設計が完了していることである。

(2) **ソフトウェア設計原則**：　ソフトウェア設計原則とは，ソフトウェア設計において広く認められた原理・原則である。以下のような設計原則を適用することにより，ソフトウェアの拡張性や保守性，開発容易性などを確保することができる。
- ・**分割統治**：　そのままでは解決できない問題を分割して，最終的な問題を解決しようとする考え方。
- ・**モジュール強度**：　モジュール内の要素の関連の強さ。モジュール強度を強くすることが重要。
- ・**モジュール結合度**：　モジュール間の関連の強さ。モジュール結合度を弱くすることが重要。

(3) **ソフトウェア設計活動**：　設計では，段階的な詳細化の原則に従い，設計レベルを以下の3段階に分割する。
- ・**ソフトウェアアーキテクチャ設計**：　上位レベルでソフトウェアを分割するとともに，以降さらに分割していく際の方針を示す。また，ソフトウェア全体で重要なメカニズム（仕組み・処理方式）を決定する。

・**ソフトウェア詳細設計**：　上述のアーキテクチャ設計で分割された各ソフトウェア構成要素について，割り当てられた仕様を満たすように内部を設計する。必要に応じて，さらにアーキテクチャ設計で定められた方針に基づいて，より細かい構成要素へと分割を繰り返す。

・**ソフトウェア構築設計**：　上述の詳細設計で分割された各ソフトウェアモジュール（最小のソフトウェア構成要素）について，割り当てられた仕様を満たすソースコードが作成できるレベルまで詳細に内部設計を行う。

(4)　**ソフトウェア設計の技法**

・**構造化設計**：　構造化設計では，システムを**階層的**な枠組みとして捉え，システム機能を実装しやすい単位まで段階的に分割する。開発者が捉えるべきシステム化範囲を狭め，プログラム作成を容易にするために，システムを小さな構成要素に分割する。構造化設計を行う場合，**階層構造の定義**，**モジュール分割**，**独立性**などについて検討しながら作業を進める。

・**オブジェクト指向設計**：　オブジェクト指向とは，システム化対象業務に登場する情報や帳票，画面などの操作対象を**オブジェクト**として捉え，システムの構成要素とする考え方である。オブジェクトには，システムで使用するデータとそれを操作する処理が含まれる。オブジェクト指向設計では，**抽象データ型**，**カプセル化・情報隠蔽**，**汎化**などの基本概念に従ってシステムの構造を考える。

4 ソフトウェア構築

4.1 ソフトウェア構築の活動

　ソフトウェア構築では，設計情報をもとに，動作可能なソフトウェアのコードを作成していく。ソフトウェア構築の目的は，仕様に基づきプログラムを構築することであり，ソフトウェア構築の終了条件は，作成したプログラムが仕様を満たしていることである。

4.1.1 ソフトウェア構築活動の流れ

　ソフトウェア構築の中心的活動は「コーディング」（プログラミング）である。その直前の工程がソフトウェア設計であり，その直後の工程がソフトウェアテストである。コーディングは，ソフトウェア構築設計の出力である設計書と，コーディング規約に基づいて行う。ソフトウェア構築活動の前提となるドキュメントには以下のものがある。

(1)　**ソフトウェアモジュール設計**：　Java 言語のクラスに相当するレベルまで細分化されたソフトウェア構成要素（ソフトウェアモジュール）の内部構造を設計したもの。

(2)　**コーディング規約**：　コードの保守性を確保するために，組織やプロジェクトごとに，プログラミング言語の構文に利用制限を課したり，コーディングの作法やサンプルを提示したもの（次項で詳述）。

コーディングを行う過程で，コードが適切に作成されているか否かを確認す

るために**コードレビュー**が行われる。具体的には，適当なタイミングでコード作成者が提示したソースコードに対して，コーディング規約や設計書と対照させながら，上司や同僚が問題箇所を指摘していく活動がコードレビューである。

　コーディングの出力であるコードは，ユニットテストと統合テストによって検証される。ユニットテストでは，ソフトウェアモジュールを対象として，与えられた仕様に基づいて正しく動作するか否かが検証される。統合テストでは，ユニットテストを終了した複数のソフトウェア構成要素を結合したものに対して，構成要素間のインタフェース，構成要素の仕様に基づく動作が検証される。

　ここで，統合（インテグレーション）とは，ソフトウェア構成要素やサブシステムを必要に応じて結合（統合）し，動作可能な実行形式（バイナリデータ）にすることをいう。統合されたシステムが統合テストで実行され，検証されることになる。

4.1.2　コーディング

　「**コーディング**」の活動では，**ソフトウェアモジュール設計**の結果をもとにソースコードを作成する。コーディングは，ソフトウェア構築設計の出力である設計書と，コーディング規約に従って行う。ソフトウェアモジュールは，Java 言語などではクラスに相当する。コーディング規約は，コーディングを開始する前には作成されている必要がある。

　コードレビューの結果は，ソースコードに反映させなければならない。プログラムコードは，単に動作すればよいのではなく，コードの保守性，テスト容易性，プログラムの品質を考慮して作成されなければならない。

　以下では，そのために必要な基礎的なコーディング上の基礎知識について述べる。

　〔1〕　**コーディング規約**　　プログラマにとって，**コーディング規約**は以下の理由で重要である。まず，一つのソフトウェアの生存期間におけるコストは，その 80％ が保守に費やされる。しかも，ソフトウェアの保守が元の制作

者によって最初から最後まで行われることはほとんどない。そこで，コーディング規約が守られていれば，ソフトウェアの可読性が向上し，第三者が作成したコードを効率的に理解することができるようになる。さらに，ソースコードを一つの製品として出荷する際，比喩的な意味で，他のすべての製品と同様に整然と梱包されたきれいな状態にすることができる。仕事をする際の慣例として，ソフトウェアを書くすべてのエンジニアはコーディング規約を守るべきである。

（**a**）　**コーディングのための標準**　　コーディングは，標準に従って行うことが重要である。コーディングでは，コードを書く上で守らなければならないことをまとめたドキュメントである「コーディング規約」や，社内外で作成された開発に関する**標準**（コミュニケーション，プラットフォーム，ツールに関するものなど）を用意し，これに従ってコードを作成する。

コーディング規約に従うことによりプロジェクト全体としてコードの保守性が高まる。また，よいコーディング規約は，プログラマにとって教材となるため，プログラマのコーディングスキルを向上させる副次的効果も得られる。開発に関する標準に従えば，ドキュメントのフォーマットやサンプル，開発ツールなどが決まっているため，作業効率を向上させることができる。

Java 開発元である Sun MicroSystems が提唱している Java のコーディング規約がある。このコーディング規約では，クラス名や変数名の命名規則などの推奨ルールが定義されており，Java で作成されたソフトウェアで広く使用されている（下記 URL で参照可能）。

http://java.sun.com/docs/codeconv/html/CodeConvTOC.doc.html

（**b**）　**制御構造の適用**　　**制御構造**とは，プログラムを実行する順序を制御するための文の構造のことをいう。プログラムは，**順次構造**，**分岐構造**，**繰返し構造**の三つの制御構造の組合せで記述することができる（**図 4.1**）。

無条件に指定されたラベルや行番号にジャンプする goto 文の使用は，コーディング規約において禁止されている場合が多い。goto 文を使用して複雑にジャンプを繰り返すプログラムを作成すると，理解しにくいプログラムとな

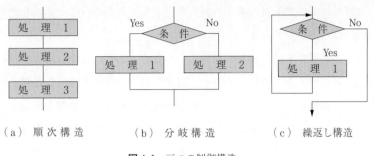

図4.1 三つの制御構造

り，保守性や拡張性が低下する。

　前述三つの制御構造を組み合わせて，保守しやすいプログラム（理解しやすいプログラム）を作成することが重要である。またコーディングが進むにつれ，コードの重複はないか，不必要なアルゴリズムはないか，不適切なデータ構造はないか，などを意識することが重要になる。

　〔2〕　**制御構造の導入**　　プログラムは，以下の順次構造，分岐構造，繰返し構造の三つの組合せで必ず記述することができる。

　・**順次構造**：　順序どおりに処理する構造
　・**分岐構造**：　条件に基づいて処理する構造（if 文，switch 文など）
　・**繰返し構造**：　ある条件を満たすまで繰り返し処理を実行する構造（for 文，while 文など）

　Java 言語などでプログラムを作成する場合，上記の他に**例外処理**と呼ばれる制御構造がある。例外処理では，プログラムがある処理を実行している途中で，なんらかの異常が発生した場合に，現在の処理を中断して別の処理を行う。

　エラー発生時の処理法を決定し，統一されたコーディングを行うことが重要である。機能によってエラーの処理方法が統一されていないと，保守担当者などが機能ごとにエラーの処理法を把握しなければならないため，仕様変更や機能追加に時間がかかる。統一されたエラー処理法でコーディングすることによって，保守しやすいプログラム（理解しやすいプログラム）を作成できる。

　エラー処理法として，計画されたエラーの処理（ユーザのイレギュラー操

作）と例外（データ不良による例外）を，それぞれ決められた処理方法で統一的に扱うことが重要である。

〔3〕 **わかりやすいコードの作成**   コーディングにおける複雑さの最小化とは，プログラムを読みにくくさせる複雑なデータ構造や難解な処理手続きをできるだけ排除し，プログラムの複雑さの低減を図ることである。シンプルで読みやすいコードを記述することが重要になる。複雑さの最小化を行うことにより，コードの可読性が向上し，保守が容易になる。また，コードレビューが容易になり，コードレビューの作業効率と作業精度が向上する。

また，保守しやすいプログラム（理解しやすいプログラム）を作成し，可読性を向上させることが重要となる。

変数の名前づけ（命名規約）やコードの配置などを決めることで，保守しやすいプログラムを作成することができる。これらは，以下のようなコーディング規約で規定されていることが多いので，これに従ったコードを作成する（詳細については，Web 上で調べてほしい）。

■ **Indian Hill コーディング規約**

・下線が前後に付いた名前は使用しない（悪い例：_func, _foo）。

・#define される定数名はすべて大文字（例：#define NUMBER）にする。

・enum で定義する定数は，先頭もしくはすべてを大文字（例：enum Weekday{ sun, ... }）にする。

・大文字と小文字の差しかない二つの名前は使用しない（悪い例：num と Num）。

・グローバルなものには共通のプレフィックスを付ける（例：g_counter）。

■ **GNU コーディング規約**

・短過ぎる名前は付けず，意味のある名前にする（悪い例：x，よい例：x_width）。

・語を分ける場合は下線を付ける（例：io_port）。

・マクロ名と enum はすべて大文字にする（例：#define NUMBER, enum WEEKDAY{ sun, ... }）。

　記述フォーマットに関するルールとしては，インデントの記述形式の他に以下のようなものがある。

・メソッド引数の記述について
・カンマの区切り方について
・演算子に関する記述ルールについて
・不要な処理，コメントなどに対する対応方針

4.1.3　コードの計量

　コーディングにおいても，作業成果物であるコードに対して，**品質評価**や**進捗管理**，および以後の**作業改善プロセス**を適用する取組みは非常に重要である。この取組みを行うためには，品質や進捗の判断材料となる定量的な値が必要となる。以下では，その値を効率的に得るために理解しておくべき，計量対象（コードのなにを計量すればよいのか）および計量方法（どうやって計量すればよいのか）について学習する。

　〔1〕　**規模の計量**　　コードの規模を計量する主な目的は，以下の2点である。

・プログラムの大きさを把握し，それをもとに，テストに必要となる工数を概算する。
・コーディングの作業効率を把握し，進捗管理を行う。

代表的な規模の計量尺度としては，以下のものがある。

(1)　**コードの行数**　　コードの行数を計量することで，規模の計量を行う。よく用いられる計量方法は，空白行やコメント行を除いた命令行のみをカウントする方法で，この方法で計量された値は LOC（line of code）と呼ばれる。この尺度による計量結果は，テストの必要工数見積りによく使われる。

(2)　**コーディングの生産性**　　単位工数（人日や人月）当りでコーディングできた量を計量することで，規模の計量を行う。ここで「人日」は1人が1日に実行できる作業量を指し，「人月」は1人が1箇月に実行でき

る作業量を指す。例えば，450 ステップのレンタル予約機能を，2 人が 3 日で作成した場合，1 人 1 日当りのコーディング量は 75 ステップとなる。この尺度による計量結果は，コーディングの進捗管理によく使われる。

〔2〕 **構造の計量**　　コードの構造を計量する主な目的は，以下の 2 点である。

・プログラムの複雑さを把握し，複雑性の低減が図られているかチェックする。

・プログラムの複雑さを把握し，テスト容易性や変更容易性の評価を行う。

代表的な構造の計量尺度としては，以下のものがある。

(1)　**制御フローの複雑度**：　　分岐文や繰返し文などの制御文を計量することで，構造の複雑度を計量する。よく用いられる計量方法は，関数実行時の処理経路の数をカウントする方法で，この方法で計量された値は**サイクロマティック経路数**と呼ばれる。関数は最低一つの処理経路（処理の流れ）をもつので，基本の経路数を 1 とする。その数値に，分岐文や繰返し文が出現するたびに，そのことで増える処理経路の数（処理の枝分かれの数）を加算していく。この尺度による計量結果は，コードの複雑さやテスト容易性の評価によく使われる。

(2)　**入れ子の深さ**：　　関数内に出現する入れ子構造の深さと頻度を計量することで，構造の複雑度を計量する。この尺度による計量結果も，制御フローの複雑度と同様に，コードの複雑さやテスト容易性の評価によく使われる。

〔3〕 **品質の計量**　　コードの品質を計量する主な目的は，以下の 2 点である。

・コーディングの作業精度を把握し，コーディングプロセスの良否を判断する。

・コードの品質状況を把握し，以後の作業改善プロセスで使用する。

代表的な品質の計量尺度として，「**コードインスペクションにおける指摘**」

コーヒーブレイク

スティーブ・ジョブズのスピーチ ―愛と喪失の話

スティーブ・ジョブズがスタンフォード大学の卒業式で行った伝説的なスピーチの二つめの話題をご紹介します。

ジョブズは 20 歳のとき，実家のガレージで友人と Apple 社を始めました。2 人だけから始めた会社が 4 000 人の従業員と 20 億ドルを稼ぎ出す大企業にまで成長しました。最初のマッキントッシュを創立の 9 年後に発売し，つぎの年にジョブズは 30 歳になりましたが，そこで彼はクビになってしまいます。ジョブズは，有能だと思った人物を招き重役にしたのですが，将来へのビジョンが食い違い，分裂するようになったといいます。そして取締役会がその重役の味方について，ジョブズをクビにしてしまったのです。

ジョブズは絶望しました。数箇月間，彼は途方に暮れていました。しかし，ジョブズは自分の仕事が好きだったのです。だから再出発することにしたのでした。彼は 5 年のうちに NeXT 社と Pixar 社を立ち上げ，そして後に妻となる素晴らしい女性とも出会いました。Pixar は世界初の CG アニメである「Toy Story」で大成功し，世界最高のアニメスタジオとなりました。

その後，なんと Apple が NeXT を買収したのでした。そのため，ジョブズは Apple に戻り，NeXT で培った技術が Apple 再建を支えることになりました。ジョブズは自分の仕事を愛していたからこそ，立ち止まることなくつづけられたのでしょう。仕事においても，恋愛においても，心から愛せる対象を見つけることは重要です。仕事は人生の重要な位置を占めます。それに満足したければ，自分の仕事が最高だと思うことです。そして最高の仕事をするには，その仕事を愛することだとジョブズはいいます。

ここで，ご参考までに，ユダヤ人の考え方をご紹介しておきましょう。国を追われた過去をもつ彼らは不動産には価値を見出さないそうです。動産でも，持ち運びが容易なものの価値が高いといいます。例えば，ダイヤモンドなどです。しかし，彼らにとって，ダイヤモンドよりも価値の高い財産があります。それは「教育」です。所有する物をすべて失っても，「考える力」さえあれば，また新しい物をつくり出せます。その力を強めるのが教育です。実際，ユダヤ人は，医者，弁護士，大学教授，金融関係者になることが多いようです。勉強をつづけ，考える力を育てると，他人と違う存在になれ，さまざまな知的業績を生んで，人生の問題を乗り越えていけるのです。

が知られている。コードインスペクションで挙がった指摘事項の内容と量を計量することで，品質の計量を行う。具体的には，レビューでの指摘事項の件数を，指摘内容ごとに集計する。この尺度による計量結果は，改善すべき点の抽出によく使われる。

4.2　ソフトウェア構築の技法

コードの品質は，主に以下の2点の達成度で評価する。

・内部設計で決定した機能要求を満足しているか？

・コーディング規約に従い，保守性やテスト容易性の高いコードとなっているか？

上記の内容を評価するための方法は，以下ように体系づけられている。

(1)　**静的技法**：　人間の目により直接成果物をチェックしたり，ツールで評価する技法。レビュー（ウォークスルー，コードインスペクション）や，静的解析などの手法が用いられる。

(2)　**動的技法**：　プログラムを実行して，処理結果および処理途中のデータをチェックすることで，評価を行う技法。動的技法に含まれる具体的な評価方法として，以下のものがある。

　・**コードステッピング**：　プログラムを1行ずつ実行し，変数のデータや分岐処理の状況を追っていく方法

　・**アサーション**：　プログラム実行中に特定の条件を満たしたら実行を中断し，処理途中の状況確認を行う方法

以下，上記の各手法について簡単に説明する。

〔1〕　**レビュー**　　レビューとは，プログラムのソースコードを机上で目視確認し，評価する方法のことをいう。代表的なレビューの方法としては，以下のものがある。

(1)　**ウォークスルー**　　コードの作成者がレビュー資料を用意し，レビュー時に配布および説明する方法。主に，コード作成者の思い込みや

勘違いを早期検出し，作業を軌道修正する目的で行われる。ウォークスルーは，開発メンバーが中心となって，1週間に1回程度，必要に応じて随時行う。

(2) **コードインスペクション**　　レビュー資料をレビュアに事前配布し，各レビュアは担務に応じた観点でレビューを行い，結果をコード作成者に返却する方法。主に，品質評価と品質確保を目的に行われる。コードインスペクションは，客観的な視点で行う必要がある。そのため，レビュアとして，外部の有識者などの第三者を採用することがある。また，品質評価が目的という性質上，コードインスペクションは，主にコーディング終了時に行う。

レビューの主な効果は，以下のとおり。

・コードに潜在しているバグや仕様の実現漏れを検出することで，動的テストに比べて安価で効率よくコードの品質を向上できる。

・コストがかかるテストの前に検出できる。

・コード作成者の思い込みを早期に検出できる。

・コードのテスト容易性や複雑さなど，実行しただけではわからない不具合を検出できる。

・コードレビュー参加者のスキル向上が期待できる。

上記のように，レビューにはさまざまな効果がある。ただし，レビューの実施にあたっては，実施目的を明確にし，それを達成できる方法で必要十分なレビューを行う必要がある。そのためには，レビューの方法を理解し，使い分けることが重要である。

〔2〕　**静的解析**　　**静的解析**とは，**静的解析ツール**による機械的なソースコードのチェックのことをいう。主に，可読性や保守性を低下させるコード，および潜在的バグになりやすいコードの有無をチェックする目的で行う。静的解析ツールには，コードのスタイルをチェックするもの，制御フローやコードの複雑度を計量するものなどがある。

レビューは，品質確保や開発者のスキル向上など，期待できる効果が大き

く，非常に有効な方法である。しかし，一つのコードを複数の担当者がチェックするので，必要となる工数が大きくなることがある。この問題を軽減するために，レビューの前にあらかじめ静的解析を行っておき，レビューの参考資料とすることで，レビューの作業効率向上を図る。

静的解析の主な効果としては，以下の点が挙げられる。

・レビューの効率が向上する。

・チェックの観点をツールに保存するので，チェックの再現性が高く，回帰チェックを行いやすい。

・人ではなく，静的解析ツールでチェックすることによりコストを削減できる。

〔3〕 **動 的 技 法**　　コードが期待したとおりに動作するかどうかを確認するなど，静的技法では測定できない品質については，プログラムを実行してメモリや変数の状態を監視しながら動作検証を行う必要がある。

ここでは，その方法として動的技法を説明する。動的技法による代表的なコード品質の評価方法としては，先にも簡単にふれたとおり，以下のものがある。

(1)　**コードステッピング**：　　デバッガを利用してコードを1行ずつ実行し，処理途中の変数のデータやメモリの状態，および分岐やループの状況を検証する方法。コードを1行ずつ実行する性質上，検証の精度は非常に高い反面，多くの工数を要する。そのため，主に処理内容が難しい箇所や，高い品質が要求される箇所など，リスクの高い箇所を厳密に検証する場合に使用する。

(2)　**アサーション**：　　コード内に，アサーションと呼ばれる特定の条件を満たしたときに実行を中断するコードを入れておき，実行する方法。検証できる範囲は，アサーションとして実装した確認事項の範囲だが，コードステッピングと比較して，少ない工数で行える。主に，処理の事前条件や事後条件が満たされているかを検証する場合に使用する。

〔4〕 **コードに対するレビュー観点**　　コードに対するレビューを正確に効

┌─────────────┐
│ **コーヒーブレイク** │
└─────────────┘

スティーブ・ジョブズのスピーチ・死について

　スティーブ・ジョブズがスタンフォード大学の卒業式で行った伝説的なスピーチの，三つめの話題をご紹介します。

　ジョブズは 17 歳のときに，こんな言葉に出会ったそうです。「毎日を人生最後の日だと思って生きよう。いつか本当にそうなる日が来る」。その言葉に感銘を受けて以来 33 年間，ジョブズは毎朝，鏡の中の自分にこう問いかけたそうです。「今日で死ぬとしたら，今日は本当にすべきことをしているか？」と。その答えが何日も「NO」のままだとしたら，なにかを変えなければなりません。

　実は，ジョブズはこのスピーチの 1 年前に，ガンを宣告されていました。医者からは治療不可能なタイプの腫瘍だと聞かされ，3〜6 箇月の余命を宣告されていたのです。ですが，ジョブズは手術を受け，このスピーチを行った時点では元気になっていました。ジョブズはこのような死にかぎりなく近づく経験をしたのですが，その経験を通して，「誰も死にたくはない」ということを実感したのだそうです。

　しかし，死はすべての人の終着点であり，誰も逃れることはできません。人間の時間は限られています。無駄に他人の人生を生きないことです。そして最も大事なことは自分の直感に従う勇気をもつことだとジョブズはいいます。直感はあなたの本当に求めることをわかっているものです。それ以外は二の次なのです。

　ジョブズの若いころ，「全地球カタログ」という素晴らしい本があったそうです。理想主義的で偉大な信念にあふれた本だったそうですが，1970 年代中盤に最終巻を出すことになりました。その裏表紙には早朝の田舎道の写真がありましたが，その下にはこんな言葉が書かれていたそうです。「Stay hungry, stay foolish」（貪欲であれ，愚か者であれ。）ジョブズは，スピーチの最後に，この言葉を新たな人生を踏み出すスタンフォード大学の卒業生に贈ったのでした。

　人間とは，人生とは，なんでしょうか？　肉体は，あなたがこれまでに食べたものの総体であるといわれます。一方，精神は，あなたがこれまでに経験したことの総体です。人生は，過去・現在・未来に分かれていますが，自分が働きかけて変えられるのは，現在だけです。過ぎたことは変えられませんし，未来は実際に来るという保証すらありません。過去に学び，未来を変えるために，いまを生きようではありませんか。まずは，本書で一所懸命，勉強することをお薦めします。

率よく行うには，レビューの目的を明確にし，その目的を達成できるレビュー観点を決める必要がある。レビュー観点をもとに，チェック項目を定めることにより漏れのないレビューを実施することができる。レビューの観点を記述面と内容面に分けて整理すると，以下のようになる。

(1) **記述面からの観点**： レビュー時には，コードがコーディング規約に従って実装されているか，誰が見ても理解できるコードになっているか，などをチェックする。

(2) **内容面からの観点**： レビュー時には，コードが設計書に従って実装されているかをチェックする。また，コーディングの原則や作法を考慮して，テスト容易性や保守性を確保した実装になっているかをチェックする。設計におけるレビューと同様に，レビュアが検証すべきチェック項目を明記した**レビューチェックシート**を作成する。開発作業においては，標準化された，汎用的に使用できるレビューチェックシートをひな形とし，それに開発環境や運用環境，およびプロジェクト固有の制約を加味して，カスタマイズしたものを使用する。

■■■ ま　と　め ■■■

(1) **ソフトウェア構築とは**： ソフトウェア構築の工程では，設計情報をもとに，動作可能なソフトウェアのコードを作成する。ソフトウェア構築の目的は，仕様に基づきプログラムを構築することであり，その終了条件は，作成したプログラムが仕様を満たしていることである。

(2) **コーディングの原則**： コーディングは，ソフトウェア構築設計の出力である設計書と，コーディング規約に従って行う。プログラムコードは，単に動作させるだけでなく，コードの保守性，テスト容易性，プログラムの品質を考慮して作成されなければならない。このためのコーディング上の原則には以下のようなものがある。

・**コーディングのための標準**： コーディングは，標準に従って行うことが重要である。コーディングでは，コードを書く上で守らなければならない事項をまとめたドキュメント（**コーディング規約**）に従ってコードを作成する。

・**制御構造の適用**：　制御構造とは，プログラムを実行する順序を制御するための文の構造である。プログラムは，**順次構造**，**分岐構造**，**繰返し構造**の三つの制御構造の組合せで記述することができる。これら三つの制御構造を組み合わせて，保守しやすいプログラム，すなわち理解しやすいプログラムを作成することが重要である。

・**エラー発生時の処理法**：　エラー発生時の処理法を決定し，統一されたコーディングを行うことが重要である。機能によってエラーの処理方法が統一されていないと，保守担当者が機能ごとにエラーの処理法を把握しなければならず，仕様変更や機能追加に時間がかかる。統一されたエラー処理法でコーディングすることによって，保守しやすいプログラムを作成できる。

・**複雑さの最小化**：　コーディングにおける複雑さの最小化とは，複雑なデータ構造や難解な処理手続きを可能なかぎり排除し，プログラムの複雑さを低減させることである。シンプルで読みやすいコードを記述することが重要である。複雑さの最小化を行うことにより，コードの可読性が向上し，保守が容易になる。また，コードレビューも容易になり，コードレビューの作業効率と作業精度が向上する。

・**わかりやすいコードの作成**：　保守しやすいプログラム，理解しやすいプログラムを作成し，可読性を向上させることが重要である。変数の名前づけ（命名規約）やコードの配置などを定めることで，保守しやすいプログラムを作成することができる。これらのことは，コーディング規約で規定されていることが多いので，それに従ったコードを作成することが肝要である。

5　ソフトウェアテスト

5.1　ソフトウェアテストの目的

5.1.1　ソフトウェアテストの対象

　ソフトウェアテストの目的は，システム全体が仕様どおりに動作することを検証し，顧客に提供できる品質であることを確認することである。テストの終了条件は，システムが顧客の要求どおりに動作することと，新システムへの移行・運用準備ができていることである。

　具体的には，ソフトウェアテストにおいて，それ以前の段階で作成された要求定義書，設計書，プログラムコードが仕様を満たしているかどうかを検証する。品質の検証段階には四つの段階があるため，テストする対象と目的は以下のように異なっている（**図5.1**）。

- (1)　**ユニットテスト**：　別々にテスト可能なソフトウェア構成要素に対し，「ソフトウェアモジュール設計」に基づいて正しく動作することを検証する。

- (2)　**統合テスト**：　ユニットテストが終了した二つ以上のソフトウェア構成要素を結合したものに対し，「ソフトウェア詳細設計」に基づいて正しく動作することを検証する。

- (3)　**システムテスト**：　すべてのソフトウェア構成要素，ハードウェア，接続する外部システムなどを組み合わせたシステム全体に対し，それが「システム仕様」に基づいて正しく動作することを検証する。

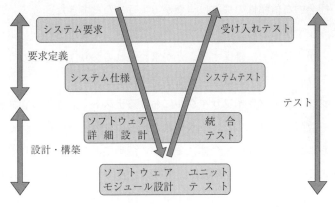

図5.1 テストレベル

（4） **受け入れテスト**： すべてのソフトウェア構成要素，ハードウェア，
接続する外部システムなどを組み合わせたシステム全体に対し，それが
「システム要求」を満たしていることを検証する。

5.1.2 ソフトウェアテストの重要性

Webアプリケーションの普及により，メインフレームやクライアントサー
バシステムを利用して開発をしていたころとは異なり，システム要求の多様
化，システムの複雑化などにより，開発現場に大きな負担が強いられるように
なってきた。

具体的には，納期までに十分な開発時間を確保できない上，ベンダー製品と
オープンソースを組み合わせたシステム構築が増えたため，システム構成が複
雑化，高度化している。そのため，ソフトウェア要求，設計に必要な時間が増
大し，テスト工程に十分な時間をかけられなくなっている。また，複雑化，高
度化したシステムに対するテストの難易度や規模も増大している。

また，ビジネスの現場では，ビジネスとシステムが一体化してきたことによ
り，経営環境の変化がシステムに影響を及ぼすようになっている。例えば，開
発過程やリリース後に仕様変更が頻発するため，迅速かつ柔軟に変更を吸収す
ることが求められている。また，システムトラブルがビジネス機会の損失だけ

でなく，社会的な信頼性の失墜につながるようになってきた。

　このような環境においては，ソフトウェアに対して要求されるレベルの品質を確実に，かつ効率的に確保することが求められており，そのための手段として，ソフトウェアテストの重要性がますます高まっている。

　〔1〕　**ソフトウェアライフサイクルにおけるテスト**　　近年のソフトウェアテストは，故障を発見するという限られた目的のためだけに行われるのではなく，開発および保守プロセス全体にまたがる活動であると考えられている。品質に対する正しい見方は，「**予防**」にある。一般にテストはシステム開発の最終段階で行われるが，それ以前の要求定義，設計，構築の段階では品質を意識しないでよいということではなく，ライフサイクル全体を通して「予防」の観点から品質確保に取り組むことが求められる。

　例えば，要求定義や設計において作成したドキュメントのレビューを行いエラーを発見することは，後にそのソフトウェアを実装する際のバグの予防につながる。また，ドキュメント作成にあたってのチェックリストやガイドラインもバグの予防に貢献する。このように，妥当性確認（レビュー）や検証可能性，テスト容易性をあらかじめ考慮して，要求定義，設計，構築の各活動を行うことが重要である。

　〔2〕　**テストファースト/テスト駆動**　　**テストファースト/テスト駆動**による開発とは，テスト対象プログラムの機能がどのように動作すべきかを考え，「テストしやすいプログラムを作成する」という考え方である。プログラムを設計，実装した後にテストコードを作成してテストを行うのではなく，プログラムを設計した後に，最初にテストコードを作成してしまい，プログラムの実装後に，そのテストコードを用いてテストを行う。先にテストコードを作成すると，仕様の誤った解釈を防ぐことができ，かつ，すべての実装コードに対してテストをもれなく行える。

5.2　ソフトウェアテストの基礎知識

5.2.1　ソフトウェアテストとは

ソフトウェアテストは，ソフトウェアを対象としたテストである。仕様書や各種設計書に記載された内容について，ソフトウェアとして正しく実現されているかどうかを検証する。

ソフトウェアとは，狭義には，コンピュータを動作させるための手順や命令が書かれたプログラムのことを指すが，広義には，OS（オペレーティングシステム），ミドルウェア（データベース管理システムなど）やアプリケーションソフトウェアも含まれる。ソフトウェアテストとは，これらのソフトウェアを対象としたテストのことをいう。

一方，**システムテスト**とは，ソフトウェアとハードウェアを含むシステム全体を対象としたテストのことをいう。システムテストでは，開発したソフトウェアとOS，ミドルウェア，ハードウェアを含むシステム全体に対するテストを行い，システムとして正しく動作するか否かを検証する。

以下では，ソフトウェアテストを中心に説明する。ソフトウェアテストは，動的テストと静的テストに分類できる。動的テストはテスト対象を動作させて実施するテストであり，静的テストはテスト対象を動作させずに実施するテストである。

〔1〕　**動的テスト**　　**動的テスト**では，テスト対象となるソフトウェアを動作させてテストを実施し，誤りを抽出する。要求仕様どおりの実行結果にならないことや，メモリリーク（プログラム実行時に使用したメモリが開放されないバグ）などの発見に適している。一方，要求仕様そのものの誤りや，コーディング規約に従っていないソースコードの発見には適していない。

〔2〕　**静的テスト**　　**静的テスト**には，人の目により直接成果物をチェックするレビューや，ツールを利用して成果物をチェックする静的解析がある。レビューの目的は，各工程の成果物が，あらかじめ規定した品質を満たしている

かどうかを確認することである。一方，静的解析においては，テスト対象のソフトウェアを実行せずに成果物の内容をチェックする。

　静的テストは，動的テストの実施前に行うことができるため，早期に誤りを発見し修正することができる。そのため，動的テストで実行後に誤りを修正する場合と比べ，静的テストでは手戻りをはるかに減らすことができる。また，静的テストでは，設計のよし悪しや保守性の低いコードなど，動的テストだけでは発見できない問題点を発見することができる。動的テストと静的テストは，誤りを検出するという目的は同じだが，たがいに補完し合う関係にある。

〔3〕　**故障に関する用語**　　ソフトウェアテストに関する，主要な用語の定義は以下のとおりである。

問　題：　テストにおいて期待した結果と，実際の結果が異なる状態

故　障：　問題の原因が，テスト対象の不具合であると判明した状態

バ　グ：　テスト対象を調査した結果判明した故障の原因であるコンピュータプログラムにおける不正なステップ，プロセス，データ定義

〔4〕　**問題と故障を区別する理由**　　テスト結果が期待結果に合致しない場

コーヒーブレイク

　バ　グ

　バグは，ソフトウェア内に残存している不具合（欠陥）を指すが，ご存じのように，英語の bug は虫を意味している。なぜ，ソフトウェアの欠陥をバグ（虫）と呼ぶようになったのだろうか？　その由来については，以下のようなエピソードが伝えられている。1940 年代に使用されていたコンピュータは真空管式だったため，実行時には大量の発熱を伴った。当時はエアコンなどなかったので，夜に計算機を動作させる際には計算機室の窓を開け放っていたが，たまたま蛾が屋外から計算機内に飛び込み，焼けて，計算機をショートさせてしまったらしい。計算機を復旧させようとエンジニアが計算機内を点検すると，焼けた蛾が見つかったので，それを取り除き，計算機を復旧させることができたという。この事例では，計算機を誤動作させた原因が虫（バグ）だったため，このようなエピソードが起源となって，バグがソフトウェアの不具合を意味するようになったといわれている（諸説あるようだが）。

合でも，必ずしもそれがテスト対象のバグとはかぎらないことがある。したがって，問題の原因を分析する場合には，以下の点に注意する必要がある。

・テストケースのテスト手順や期待した結果のほうが間違っている。

・テストデータが正しくない。

・誤ったテスト環境でテストしている。

5.2.2　テストの一般原理

〔1〕　**テストの限界**　　プログラミング手法の分野で著名なダイクストラは，「テストは，バグが存在することを示すために使えるが，バグが存在しないことを示すためには使えない」と述べている。テストには以下のような問題があり，一般に完全なテストは行えない。

(1)　入力の組合せが多過ぎる。

(2)　パス（処理の流れ）の数が多過ぎる。

(3)　ユーザインタフェースの設計が複雑過ぎる。

このため，ソフトウェアテストの結果，「バグがない」という結論が得られたとしても，バグが存在しないことの証明にはならない。

プログラムを完全にテストするには，入力が可能なすべてのタイミングにおいて，プログラムがとり得るすべての状態に対し，入力できるデータのすべての組合せに対してテストを実施する必要があるが，時間やコストの制約があるため，このような完全なテストを行うことは不可能である。

〔2〕　**有　限　性**　　ごく簡単なアプリケーションソフトウェアであっても，理論的にはたいへん多くのテストケースが想定される。例えば，入力された4桁の数値の加算をするソフトウェアがあった場合，入力値の組合せは，およそ1億通りあることになる。これらのすべてをテストケースとして捉え，これらを完全に網羅するテストを実施する場合，非常に大きな時間を費やすことになる。

ソフトウェアの開発は，つねにスケジュールと費用の制約を受ける。そのため，実際には非常に膨大なテストケースの中から，テストの「網羅性」，「スケ

ジュール」，「費用」のバランスを考慮して，限られた範囲に絞ってテストを実施する必要がある。

〔3〕 **有目的性**　　テストの限界と有限性という性質を考えてもわかるように，限られた時間の中で有効なテストを実施できるようにする必要がある。そのためには，まず，テストの目的を決めることが重要である。

　テストの目的は，テスト対象となるプログラムやシステムの仕様や特徴，テスト対象範囲，テストを実施する上での要員や技術面のリスクなどを考慮して決定する。テストの担当者は，プロジェクトで定めたテストの目的に沿って作業計画を立て，テストケースを設計し実施する。したがってテストの目的は明確に定められている必要がある。

〔4〕 **テスト選択基準**　　テストの目的が決まれば，その目的に合ったテストケース設計技法（5.4節参照）を選択する。例えば，ユニットテストは，一般に，最も小さいプログラム単位であるソフトウェアモジュールが仕様どおりに動作するかどうかを検証することが目的であり，この場合，モジュールの内部構造に着目してテストケースを設計する技法が選択肢の一つとなる。テスト対象と目的に合わせて，適宜，テストケース設計技法を選択することが重要である。

〔5〕 **テスト十分性基準**　　テストの目的に応じたテストケース設計技法を選択してテストケースを設計するが，どこまでテストを行うべきか，なにをもって終了と判断するかは，テストの目的に応じてあらかじめ決定しておく。例えば，ユニットテストの場合，プログラム中のすべての命令文，条件文，ブロック，特定のそれらの組合せの網羅性をもとに，テスト終了条件を決定することができる。終了条件は，目的の他にも対象システムの特徴，要員や技術面のリスク，スケジュールやコストの制約などを考慮して決定する必要がある。

〔6〕 **有 効 性**　　テストにおいては，その実施結果によりテスト目的の達成を示すことができるような，有効なテストケースを用意することが必要である。例えば現行システムを拡張するプロジェクトのユニットテストにおいて，「新規に追加したモジュールの動作確認を重点的に行う」という目的があ

る場合，該当のモジュールについてはそれ以外のモジュールよりも厳しい十分
性基準を設定し，テストケースを用意する，などの対応が考えられる。目的に
応じたテストケースを用意してテストを実施し，その結果を評価することで，
テストの有効性を示すことができる。

〔**7**〕　**テスト容易性**　　テスト容易性とは，ソフトウェアがテストしやすい
かどうかを示す指標である。テスト容易性は，プログラムの品質と同じく，プ
ログラムを作成した後に付随されるようなものではなく，構築の前工程である
要求定義や設計から意識しておく必要がある。

　プログラムの設計段階でテスト容易性を意識する場合，設計段階で複雑なプ
ログラム構造にしない，プログラム構造を標準化する，などをつねに考えてお
くことが，テスト実施の容易性につながる。テスト容易性が高くなると，テス
トにかける工数を削減することができる。

　この他，テスト容易性を高める例としては，以下のものがある。

- **・ログの出力**：　エラーメッセージ，システムメッセージ，通信プロトコル
  などのログを利用してプログラムのデバッグを行う。
- **・診断コード**：　アサーションなどの診断コードを利用してプログラム内部
  の問題を見つける。
- **・エラーシミュレーション**：　メモリや記録領域不足などのエラー状態を擬
  似的につくり出す機能を，プログラムにあらかじめ組み込む。

また，テスト容易性の測定においては，以下の点に注意する必要がある。

- **・入出力変数**：　プログラムの処理に必要なデータの入出力変数の数が多い
  ほど，テストケースやテストデータが増えて，テストに手間がかかる。
- **・サイクロマチック経路数**：　プログラム構造の複雑度を表す値であり，こ
  の値が大きいほど多くのテスト項目が必要となり，テストの手間がかかる。

5.2.3　テストレベル

　本章の冒頭で述べたように，テストには以下の四つの段階があり，「**テスト
レベル**」と呼ばれている。図5.1が「**ユニットテスト**」，「**統合テスト**」，「**シス**

テムテスト」,「**受け入れテスト**」の四つのテストレベルと, テスト項目 (テストケース) を抽出するもととなる成果物との対応関係を示していた。

〔1〕 **ユニットテスト**

対　象: モジュール

目　的: モジュール設計フェーズで規定したとおり, 正しく動作することを検証する。単体で正しく動作しないものは, 組み合わせても正しく動作しないので, ユニットテストは, 最初に実施する最も基本的なテストである。

〔2〕 **統合テスト**

対　象: 複数のモジュールを結合したもの

目　的: 詳細設計フェーズで規定した機能・処理を実現していることを検証する。

〔3〕 **システムテスト**

対　象: 全モジュール, IT 基盤, 接続する外部システムなどをすべて組み合わせたシステム全体

目　的: 要求定義に対して正しく動作することを検証する。一般には, 顧客にシステムを引き渡す直前に開発側で行う。

〔4〕 **受け入れテスト**

対　象: 実際に利用されるシステム全体 (本番運用環境を使用)

目　的: 顧客自身で, 要求定義を満たしていることを検証する。テスト対象はシステムテストと同じだが, このテストの目的は, プログラミングしたシステムが, 自分たちが提示した要求を満たしていることを, 顧客側からの視点で検証することである。

5.3　ソフトウェアテストの活動

〔1〕 **テスト計画**　「**テスト計画**」の活動では, テストの全体計画の方針に従って, 各テストレベルのテストを実施できるようにテスト内容, テストス

ケジュールなどを具体的に決める。目指す品質を達成するためのテストを規定する数値として，テスト密度，バグ密度がある。それらの数値の算出方法は下記のとおり。

テスト密度 ＝ テストケース数 ÷ 構築規模（ステップ数）

バ グ 密 度 ＝ バグ数 ÷ 構築規模（ステップ数）

作業成果物「テスト計画」のポイントは下記のとおりである。

(1) **体制・要員**： テストは，開発プロジェクト外の社内の品質保証部門や社外のテストベンダーに依頼して実施する場合がある。この場合，特に役割分担や進め方を詳細に決めておく必要がある。

(2) **テストの開始/終了条件**： 例えば，統合テストを行うためには，統合対象の構成要素のユニットテストが完了している必要がある。同様に終了条件も，なにをもってテスト終了とするか，例えばすべてのテストケースが合格した，などを明示しておく必要がある。

(3) **問題・故障の管理方法**： テストで検出した問題は，しかるべき担当者がその原因を分析し，テスト対象のバグであればそれを修正し，修正後のソフトウェアで再度バグが修正されているかを確認する必要がある。これらの一連の作業が正しく，効率よく行えるような手順，管理方法を決めておく。この決められた手順，管理方法を「**問題・故障管理プロセス**」と呼ぶ。

〔2〕 **テストケースの生成**　「**テストケースの生成**」の活動では，テスト計画と検証対象である作業成果物（システム要求，システム仕様，各設計書）をもとに**テスト条件**をリストアップし，それを検証するための**テストケース**，**テスト手順**，**テストデータ**を作成する。

テスト条件とは，「なにをテストするか」であり，対応するテストケースの情報源であるテストテストベースから洗い出す。またテストケースは，そのテスト条件を検証するために選択したケースである。例えば，「パスワードは8文字以上であること」というテスト条件に対して，「7文字の入力 → NG」，「8文字の入力 → OK」などのテストケースが考えられる。テストケースは，各テ

ストケースごとにテスト実施条件，入力，期待結果などを規定する。

(1)　**テスト実施条件/環境準備**：　テストを実施するにあたり，事前に設定しておく条件や環境。例えば，ログインが必要なシステムであれば，テストを実施するにあたり，事前にログインしておく必要がある。

(2)　**期待結果**：　テスト実行により期待される結果。通常，テストの合否は，テスト対象の動作結果がこの期待結果に合致しているかどうかで判断する。テストケースを実行する順序は，テスト手順として記述しておく。テストデータも別に作成する。どのようにテストケースを抽出するかについてはさまざまな技法がある。

　作業成果物である「テストケース」は，一般に，「**テスト仕様書**」，「**テスト項目表**」と呼ばれたりもする。テストケース上には，通常，テスト実施時にテスト結果が記述され，期待結果と実際のテスト結果が比較評価され，合否の判定が行われる。

　また，作業成果物である「**テストシナリオ**」は，一般に，「**テスト手順書**」と呼ばれたりもする。一連のテストケースの実行が正確に効率的に行えるように，テスト実施条件・実施環境の組合せを考慮して作成する。

〔3〕　**テスト環境の開発とテスト実行**　「**テスト環境の開発**」の活動では，テストを実施するための環境を構築する。

　ユニットテストは開発者の開発環境で行われることが多いが，統合テスト以降のテストは通常，専用のテスト環境を構築して，そこで実施する。開発環境，専用のテスト環境，どちらでテストを行う場合でも，テスト環境においては以下に示すようにさまざまな対象に関する環境設定が必要となる。そのために，「**テスト環境構築手順**」をまとめておく必要がある。

1)　開発したシステムで利用する DBMS などのミドルウェア

2)　テスト対象

3)　テストに使用するテストツール

4)　問題/故障の情報を登録するためのツール

5)　外部システムと実際に接続できないような場合の，外部システムのシ

ミュレータなど

「**テスト実行**」の活動では，テスト手順とテストケースに基づいてテストを実施し，その結果を記録する。その作業成果物である「**テスト結果**」のポイントは以下のとおりである。

(1) **テスト結果・合否判定**：　正確には，テスト実行時に記録するテスト結果は，テスト対象が示した動作や出力結果である。このテスト結果をテストケースに記述された「期待した結果」と比較してテストの合否を判定することは，「テスト結果の評価」において行う。しかし，テスト結果が期待される結果と合致する場合には，テスト成功としてテスト実行時に合否を記録することが一般的である。

(2) **実 施 者**：　テスト結果に不明な点がある場合には，実施した担当者に詳細を確認することがある。

(3) **実施したシステム構成，実施したソフトウェアの版**：　テストで不具合が発生したが，開発者側ではその不具合が起きないという状況がプロジェクトにおいてときどき発生する。その原因として，テストを行ったシステム構成やテスト対象のソフトウェアの版が異なっている場合がある。このようなことが起こらないように，システム構成，ソフトウェアの版にかぎらず，第三者がテストの実行を再現するために必要な情報は，テスト結果とともに記録しておく必要がある。

〔4〕 **テスト結果の評価**　　テスト結果の評価の活動では，テストが成功したかどうかを判定するが，作業成果物の「テスト結果」においては以下の点に注意する必要がある。テスト実行時に記録するテスト結果は，テスト対象が示した動作や出力結果である。このテスト結果をテストケースに記述された「期待結果」と比較し，さらにテスト結果の正当性を評価してテストの最終的な合否を判定する。

通常，「テスト結果」と「期待結果」が合致する場合がテスト成功となる。合致しない場合は問題として報告し，その原因を分析した後に，テスト対象のバグであれば改修を行い，再度テストを行い，確かに直っているかどうかの確

認を行う。ただし，以下に示すように，「テスト結果」が「期待結果」にそぐわない場合でも，必ずしもそれがテスト対象のバグとはかぎらない。

・テストケースのテスト手順や期待した結果のほうが間違っている。

・テストデータが正しくない。

・誤ったテスト環境でテストしている。

したがって，「テスト結果」が「期待結果」にそぐわない場合は，その原因を分析し，その結果をテスト結果評価として記録する。

「問題報告・テストログ」の活動では，管理プロセスに基づいて報告し，実行ログを記録する。作業成果物「問題報告・テストログ」のポイントは以下のとおりである。

(1) **テストの実施ログを記録すること**： テストの実施ログで，いつ実施されたか，誰が実施したか，どのようなシステム構成を使用したか，および，その他の関連する識別情報がわかるようにしておく。

(2) **発見された問題・故障を報告すること**： 発見された問題・故障は，通常，所定の問題・故障管理プロセスで管理される。その後の分析結果，ソフトウェアの修正状況，修正後の確認状況も併せて管理される。

最後に，作業成果物「テストログ」の記述のポイントは，以下のとおりである。

(1) **実 施 者**： テスト結果に不明な点がある場合の確認・問合せ先となる。

(2) **実施したシステム構成，実施したソフトウェアの版**： 〔3〕の「テスト結果」のポイント(3)と同様。

5.4 テストケース設計技法

テストケース設計技法を用いずに，やみくもにテストケースの設計を行うと，テスト実行時にデータが途中で失われてしまったり，不必要なデータでテストを実行してしまったりして，効率のよいテストを実施できなくなる。そのため，今日までにさまざまなテストケース設計技法が開発されてきた。以下で

は，テストケースを設計するための技法を仕様，コード構造，これらの技法の組合せなどで分類して説明する。

テストケース設計技法は，以下のような視点で分類することができる。

(1)　**仕様ベース**：　コンポーネントやシステムの内部構造を参照することなく，テスト対象システム，またはソフトウェアの機能的あるいは非機能的な仕様の分析に基づいてテストケースを設計する技法

(2)　**構造ベース**：　コンポーネントやシステムの内部構造の分析に基づいてテストケースを設計する技法

(3)　**経験ベース**：　テスト担当者の経験をベースにテストケースを設計する技法

上記三つの技法の中から，相互補完される技法を組み合わせて設計することが多い。ここで，仕様ベース技法と構造ベース技法の違いは以下のとおりである。

(1)　**仕様ベース技法（ブラックボックステスト**とも呼ばれる）：　ブラックボックステストは，テスト対象を内部の見えないブラックボックスとして扱い，入力データに対して期待した結果（出力データ）が得られるか，という視点で実施するテストである。入力データと出力データに着目し，プログラムの内部構造は意識しない。

(2)　**構造ベース技法（ホワイトボックステスト**とも呼ばれる）：　ホワイトボックステストは，テスト対象の内部構造を分析した上で，テスト対象の処理ルートをどのルートで選択するかという視点で実施するテストである。処理ルートの網羅のことを，**カバレッジ**という。カバレッジの基準には，**パスカバレッジ，ステートメントカバレッジ，ブランチカバレッジ**があり，どのカバレッジ基準でテスト項目を抽出するかを決定する。

〔**1**〕　**仕様ベース技法**　　**仕様ベース技法**とは，テスト対象の機能/非機能的な仕様の分析に基づいてテストケースを作成する技法で，入力値，出力値に着目する。以下では，同値分割と境界値分析について紹介する。

（**a**）**同 値 分 割**   同様の結果が得られるデータの集合を**同値クラス**とい
い，入力データを同値クラスに分けることを**同値分割**という。同じ機能を確認
する二つのデータがつぎの二つの条件を満たす場合，その二つは同値であると
考える。

・一方のテストで故障が見つかれば，もう一方のテストでも同様の故障が見
  つかると予想できる。

・一方のテストで故障が見つからなければ，もう一方のテストでも故障が見
  つからないと予想できる。

同様の結果となるテストをいくつも実施するより，異なる結果が予想される
テストを何種類も実施したほうが，効率的に幅広い確認ができる。以下の点に
注意し，できるだけ同値クラスに属さないデータを用いたテストケースを抽出
することによって，異なるテストのパターーンを見つけることができる。

・無効同値クラスを設けることを忘れない。

・いつも同じとはかぎらない変数を探す。

・時間的な条件に着目する。

・組み合わせて計算するデータを列挙する。

・状態の変化を通知するパラメータや条件に着目する。

・動作環境に関するパラメータや条件に着目する。

例えば，1 から 99 までの整数値を入力するプログラムでは，少なくともつ
ぎの三つの同値クラスが考えられる。

・有効同値クラス：1 以上 99 以下の整数

・無効同値クラス：0 以下，100 以上の整数

・無効同値クラス：数字でないデータ

（**b**）**境界値分析**   許容範囲のある数値データの境界（有効同値クラス
か，無効同値クラスかの境界など）に着目してテストデータを作成する方法
を，**境界値分析**という。境界値分析では，入力データだけでなく，出力データ
についても境界値を設定する。境界値付近にバグが集中することが経験的に知
られており，境界値分析を利用すると有効なテストケースを抽出できる。境界

値分析によるテストケースの抽出ポイントを，以下に示す。

・入力データの両端とその近くに着目する。例えば，入力データの範囲が $-1.0 \leqq x \leqq 1.0$ の場合，入力データとして -1.0 と 1.0（両端），-1.01 と 1.01（両端の付近）に着目し，テストケースを作成する。

・出力データに着目する。例えば，関数の出力データが $0 \sim 255$ の整数の場合，それを出力するのに必要な入力データを算出し，テストケースを作成する。このとき，範囲外のデータ（-1 や 256）を出力する入力データも考慮する。

〔2〕 **構造ベース技法**　　**構造ベース技法**とは，プログラムの内部構造の分析に基づいてテストケースを設計する技法のことをいう。以下のような技法がよく用いられる。

（**a**）　**制御パステスト**　　制御フローに基づいた**制御パステスト**では，プログラム中のすべての命令文，ブロック，特定されたそれらの組合せを網羅することを目的としている。ソースコードのカバレッジを測定し，テストケースの網羅性を検証することは，「実行されていないコードからバグは発見されない」という立場から有効である。

（**b**）　**データフローテスト**　　**データフローテスト**とは，制御部分ではなくプログラム中で使用されるデータに焦点を当ててテストする技法のことをいう。プログラム中の変数がどこでどのように定義され，利用され，無定義化されるのかをパスを追いながらテストケースを設計する。

〔3〕 **経験ベース技法**　　**経験ベース技法**とは，エンジニアの直感，知識，経験をベースにエラー推定を行いながらテストケースを作成する技法のことをいう。構造ベースや仕様ベースのテスト技法と併用することで効果を発揮する。以下に，この技法で主要な三つのテストを紹介する。

（**a**）　**アドホックテスト**　　ソフトウェアエンジニアの類似プログラムに対するスキル，直感，および過去の経験に基づいて行うテスト。

（**b**）　**探索的テスト**　　学習，テスト設計，テスト実行を同時に行うテスト。計画されたテストを実行しながら，さらに学習し，新しいテスト集合を設

計して実行する。この作業を繰り返しながら進めるテストが探索的テストである。探索的テストの有効度も，エンジニアのスキル，知識，経験に依存する。

（**c**） **エラー推定** 　　発生率の高いエラーの種類を推定し，それを発見するようなテストケースを抽出する手法。設計や構築に携わったメンバーのスキルや開発言語などによって，バグの発生傾向が変わってくる。

品質にばらつきのあるプロジェクトでは，テストの品質に対する知識や理解が不足しており，経験だけをベースとしてテストケースの抽出を行っていることがよくある。これらの技法だけですべてのテストケースを作成してしまわないよう，注意が必要である。

■■■ ま　と　め ■■■

(1) **ソフトウェアテストの目的**
(a) **ソフトウェアテストの対象**： 　ソフトウェアテストの目的は，システム全体が仕様どおりに動作することを検証し，顧客に提供できる品質であることを確認することである。品質の検証には四つの段階があるため，テストする対象と目的は以下のように異なっている。
　・**ユニットテスト**： 　別々にテスト可能なソフトウェア構成要素に対し，「ソフトウェアモジュール設計」に基づいて正しく動作することを検証する。
　・**統合テスト**： 　ユニットテストが終了した二つ以上のソフトウェア構成要素を結合したものに対し，「ソフトウェア詳細設計」に基づいて正しく動作することを検証する。
　・**システムテスト**： 　開発者側が，すべてのソフトウェア構成要素，ハードウェア，接続する外部システムなどを組み合わせたシステム全体に対し，それが「システム仕様」に基づいて正しく動作することを検証する。
　・**受け入れテスト**： 　顧客側が，すべてのソフトウェア構成要素，ハードウェア，接続する外部システムなどを組み合わせたシステム全体に対し，それが「システム要求」を満たしていることを検証する。
(b) **ソフトウェアテストの重要性**： 　最近，ソフトウェアに対して要求されるレベルの品質を確実に，かつ効率的に確保することが求められており，そのための手段としてソフトウェアテストの重要性がますます高まっている。

- **ソフトウェアライフサイクルにおけるテスト**：　近年のソフトウェアテストは，故障を発見するという限られた目的のためだけに行われるのではなく，開発および保守プロセス全体にまたがる活動であると考えられている。品質に対する正しい見方は，「予防」にある。

- **テストファースト/テスト駆動**：　テストファースト/テスト駆動による開発とは，テスト対象プログラムの機能がどのように動作すべきかを考え，「テストしやすいプログラムを作成する」という考え方である。

(2)　**ソフトウェアテストの基礎知識**

(a)　**ソフトウェアテストとは**：　ソフトウェアテストは，ソフトウェアを対象としたテストである。仕様書や各種設計書に記載された内容について，ソフトウェアとして正しく実現されているかどうかを検証する。

- **動的テスト**：　動的テストでは，テスト対象となるソフトウェアを動作させてテストを実施し，誤りを抽出する。要求仕様どおりの実行結果にならないことや，メモリリーク（プログラム実行時に使用したメモリが開放されないバグ）などの発見に適している。

- **静的テスト**：　静的テストには，人の目により直接成果物をチェックするレビューや，ツールを利用して成果物をチェックする静的解析がある。**レビューの目的**は，各工程の成果物が，あらかじめ規定した品質を満たしているかどうかを確認することである。

- **故障に関する用語**：

　　問　題：　テストにおいて期待した結果と，実際の結果が異なる状態

　　故　障：　問題の原因が，テスト対象の不具合であると判明した状態

　　バ　グ：　テスト対象を調査した結果判明した故障の原因であるコンピュータプログラムにおける不正なステップ，プロセス，データ定義

(b)　**テストの一般原理**

- **テストの限界**：　プログラムを完全にテストするには，入力が可能なすべてのタイミングにおいて，プログラムがとり得るすべての状態に対し，入力できるデータのすべての組合せに対してテストを実施する必要があるが，時間やコストの制約があるため，完全なテストを行うことは不可能である。

- **有　限　性**：　ソフトウェアの開発は，つねにスケジュールと費用の制約を受ける。そのため，実際には非常に膨大なテストケースの中から，テストの「網羅性」，「スケジュール」，「費用」のバランスを考慮して，限られた範囲に絞ってテストを実施する必要性がある。

- **有　目　的　性**：　テストの目的は，テスト対象となるプログラムやシステムの

仕様や特徴, テスト対象範囲, テストを実施する上での要員や技術面のリスクなどを考慮して決定する。

- **テスト選択基準**: テストの目的が決まれば, その目的に合ったテストケース設計技法を選択する。
- **テスト十分性基準**: テストの目的に応じたテストケース設計技法を選択してテストケースを設計するが, どこまでテストを行うべきか, なにをもって終了と判断するかは, テストの目的に応じてあらかじめ決定しておく。
- **有 効 性**: テストにおいては, その実施結果によりテスト目的の達成を十分に示すことができるような, 有効なテストケースを用意することが必要である。
- **テスト容易性**: テスト容易性とは, ソフトウェアがテストしやすいかどうかを示す指標である。テスト容易性は, プログラムの品質と同じく, プログラムを作成した後に付随されるようなものではなく, 構築の前工程である要求定義や設計から意識しておく必要がある。

(3)　**ソフトウェアテストの活動**

- **テスト計画**: 「テスト計画」の活動では, テストの全体計画の方針に従って, 各テストレベルのテストを実施できるようにテスト内容, テストスケジュールなどを具体的に決める。
- **テストケースの生成**: 「テストケースの生成」の活動では, テスト計画と検証対象である作業成果物 (システム要求, システム仕様, 各設計書) をもとにテスト条件をリストアップし, それを検証するためのテストケース, テスト手順, テストデータを作成する。
- **テスト環境の開発**: 「テスト環境の開発」の活動では, テストを実施するための環境を構築する。
- **テスト結果の評価**: テスト実行時に記録するテスト結果は, テスト対象が示した動作や出力結果である。このテスト結果をテストケースに記述された「期待結果」と比較し, さらにテスト結果の正当性を評価してテストの最終的な合否を判定する。

(4)　**テストケース設計技法**

(a)　**仕様ベース技法**: コンポーネントやシステムの内部構造を参照することなく, テスト対象システム, またはソフトウェアの機能的あるいは非機能的な仕様の分析に基づいてテストケース (テストすべき項目) を設計する技法

- **同 値 分 割**: 同様の結果が得られるデータの集合を同値クラスといい, 入力データを同値クラスに分けることを同値分割という。

・**境界値分析**：　許容範囲のある数値データの境界（有効同値クラスか，無効同値クラスかの境界など）に着目してテストデータを作成する方法を，境界値分析という。

(b)　**構造ベース技法**：　コンポーネントやシステムの内部構造の分析に基づいてテストケースを設計する技法

・**制御パステスト**：　制御フローに基づいた制御パステストでは，プログラム中のすべての命令文，ブロック，特定されたそれらの組合せを網羅することを目的としている。

・**データフローテスト**：　データフローテストとは，制御部分ではなくプログラム中で使用されるデータに焦点を当ててテストする技法

(c)　**経験ベース技法**：　テスト担当者の経験をベースにテストケースを設計する技法

・**アドホックテスト**：　ソフトウェアエンジニアの類似プログラムに対するスキル，直感，および過去の経験に基づいて導き出されるテスト

・**探索的テスト**：　学習，テスト設計，テスト実行を同時に行うテスト

・**エラー推定**：　発生率の高いエラーの種類を推定し，それを発見するようなテストケースを抽出する手法

6 アジャイル開発

6.1 アジャイル開発とは

　本章では，EPISODE の枠組みを理解するために必要なアジャイル開発の基本概念を解説する。アジャイル開発に実際に携わっているプログラマの方々には，特に新しい情報はないので読み飛ばしてもらって差し支えない。

6.1.1 ウォーターフォール型開発の問題点

　本書の5章までで説明したウォーターフォール型開発では，「要求定義→設計→構築→テスト」の順でシステム開発が行われるが，多くの場合，顧客はテストが完了した後に，初めて開発されたシステムを確認することができる。つまり，顧客は開発が完了するまで動くシステムを見ることができず，要求定義からテストまでの開発期間は，ドキュメントでしか開発の状況を把握できないことが多い。

　一般に，要求定義においては顧客と開発者の間で誤解が生じやすいものだが，ウォーターフォール型開発では，要求が出されてから実際に顧客がシステムを利用できるようになるまでには相当な時間がかかる。そのため，ソフトウェア開発が完了するころには，顧客の要求内容そのものが古くなってしまう場合もある。さらに，開発工程ごとに担当者が変わることが多く，しかも，担当者同士はドキュメントを使ってコミュニケーションをとるのみとなるため，後から，顧客の要求に従ってシステムを改修することは非常に難しい。

6.1.2　アジャイル開発の特徴

アジャイル開発という用語における**アジャイル**（agile）とは，「素早く容易に動ける」という意味をもつ言葉である。アジャイル開発という名称は一つの開発手法を指すわけではなく，複数の開発手法に対する総称である。アジャイル開発は軽量システムの開発手法の総称であり，重たいシステムの開発手法であるウォーターフォール型開発とは対照的な特徴をもつ（**図6.1**）。アジャイル開発の特徴は以下のとおりである。

(1)　顧客からの要求に基づいて，最初に開発するシステムの機能を細分化し，優先度の高い機能から順番に開発を進めていく。

(2)　要求定義，設計，構築，テストの4フェーズを反復しながら開発を進めていく。

(3)　1回の反復期間は1週間から1箇月程度と短期間である。

(4)　各反復期間の最後に，顧客に実際に動作するシステムを継続的に提示する。

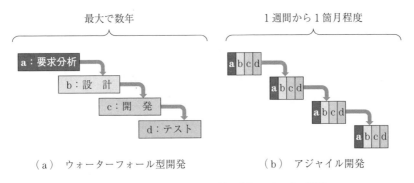

（a）ウォーターフォール型開発　　（b）アジャイル開発

図6.1　ウォーターフォール型開発とアジャイル開発

つまり，アジャイル開発では，a：要求定義，b：設計，c：構築，d：テストの各フェーズを短期間で繰り返しながらシステムを順次開発していく。そのようにして，実際に動くソフトウェアを短期間で開発し，それらを成長させる形で開発を進めていく。

1回の反復期間は1週間から1箇月程度と短いので，各反復期間の最後に提

示するソフトウェアを見た顧客からの意見を，システム開発の現場にフィード
バックすることができる。そのため，要求定義の変更や，開発の優先順序変更
にも比較的柔軟に対応することが可能となる。

6.1.3　アジャイル開発の長所と短所

　先にも述べたように，ウォーターフォール型開発においては，顧客の要求の
変化に対応することが難しい。この問題を解決するための手法として，図 1.3
の反復型モデルが考案された。反復型モデルでは，最初に顧客からの要求を聞
くと，その要求内容のうち，比較的容易に実現できる部分について，短期間で
要求定義，設計，構築，テストを実行し，作成できたソフトウェアを速やかに
顧客に提示する。この一連の処理を 1 回の「反復」と定義し，これを繰り返す
ことによりシステム全体の開発を進めていく。このような反復型開発アプロー
チにおいては，1 回の反復の終了のタイミングで，顧客からの意見や，顧客の
要求の変化をシステム開発にフィードバックできるようになる。

　しかし，反復型モデルにおいて，ウォーターフォール型開発モデルと同様に
専門的スキルをもつ開発要員の間で分業を行おうとすると，開発要員の稼働率
が低下するという問題が発生する。反復型モデルでは，要求定義や設計などの
専門的スキルが必要な作業が周期的に繰り返し現れるため，プロジェクトの大
半を占める構築の作業担当者（プログラマ）が待ち状態になることが多くなっ
てしまう。

　この問題を解決するには，各開発要員が異なる種類の作業を担当することが
有効である。要求定義や設計など個別の専門的スキルをもつ開発要員が分業体
制で開発する方式ではなく，複数種類の作業を担当できる開発要員が協働でシ
ステム開発を進めるようにするのである。

　それとは別に，開発に使用するモデルを極力シンプルなものにすることも有
効である。すなわち，要求定義，設計などで作成するモデルを，専門家以外の
人でもつくれるような簡単なものにするのである。一般に，反復型開発では，
モデルを更新する手間が増加する傾向にある。顧客の要求の変化に対応して，

要求定義や設計などのモデルを更新する作業が発生するからである。この問題を解決するには，開発で使用するモデルをなるべくシンプルなものにすることが有効である（その具体策については後述する）。

　以下では，アジャイル開発の代表的な開発手法である**エクストリームプログラミング**（extreme programming，**XP**)と，アジャイル開発におけるモデリングの作業指針である**アジャイルモデリング**（agile modeling，**AM**）において，上述の問題点をどのように解決しているかを紹介していく。

6.1.4　アジャイルソフトウェア開発宣言

　2001年にソフトウェア開発者たちが集まり，アジャイル開発を支える中心的な信念をまとめたアジャイルソフトウェア開発宣言（manifesto for agile software development）が作成された（`http://agilemanifesto.org/iso/ja/manifesto.html`）。

　アジャイルソフトウェア開発宣言の本文は以下のとおり。なお，以下の宣言文などの文章表現は，筆者が若干手を加えたものである。

　　　「プロセスやツールよりも個人との対話を，

　　　　包括的なドキュメントよりも動くソフトウェアを，

　　　　契約交渉よりも顧客との協調を，

　　　　計画に従うことよりも変化への対応に価値がある。

　　　　すなわち，左記の事柄に価値があることを認めながらも，

　　　　私たちは右記の事柄により多くの価値を認める。」

　また，アジャイルソフトウェア開発宣言には以下のような原則が付記されている。

　　　「私たちは以下の原則に従う：

　　　　顧客満足を最優先とし，

　　　　価値のあるソフトウェアを早く継続的に提供します。

　　　　要求の変更はたとえ開発の後期であっても歓迎します。

　　　　変化を味方に付けることによって，お客様の競争力を引き上げます。

動くソフトウェアを，2〜3週間から2〜3箇月という

できるだけ短い時間間隔でリリースします。

ビジネス側の人と開発者は，プロジェクトを通して

日々一緒に働かなければなりません。

意欲に満ちた人々を集めてプロジェクトを構成します。

環境と支援を与え，仕事が無事終わるまで彼らを信頼します。

情報を伝える最も効率的で効果的な方法は

フェイストゥフェイスで話をすることです。

動くソフトウェアこそが進捗の最も重要な尺度です。

アジャイルプロセスは持続可能な開発を促進します。

一定のペースを継続的に維持できるようにしなければなりません。

技術的卓越性と優れた設計に対する不断の注意が機敏さを高めます。

シンプルさ（ムダなくつくれる量を最大限にすること）が本質です。

最良のアーキテクチャ・要求・設計は，自己組織的なチームから生み

出されます。

チームがもっと効率を高めることができるかを定期的に振り返り，

それに基づいて自分たちのやり方を最適に調整します。」

6.2 エクストリームプログラミング

　アジャイル開発にはさまざまな方法が存在するが，代表的なものに XP とス
クラムがある。XP（エクストリームプログラミング）は，1999 年に Kent
Beck らにより提案され，計画，設計，コーディング，テストの四つに対する
ルールと**プラクティス**から構成されている。特徴としては，**テスト駆動開発**,
ペアプログラミングなどが挙げられる。XP におけるプラクティスとは，ソフ
トウェア開発で実際に行う行動や活動などを指す。ペアプログラミング，ミー
ティングなどもプラクティスに該当する。一方，スクラムは，1990 年代初頭

に Jeff Sutherland らにより提案され，要求，分析，設計，洗練，納品などの
アクティビティがあり，スプリントと呼ばれるパターン内で作業する。

本書の主題である EPISODE の基本となる XP の特徴を以下に列挙する。

6.2.1 XP の 特 徴

(1) **XP の起源：** クライスラー社の C3 プロジェクト（給与システムの
開発）における Kent Beck による実践から始まった。XP の関係者として
は，Ward Cunningham（発案者），Kent Beck（表現者），Ron Jeffries（実
現者）が挙げられる。

(2) **XP の価値：** 「価値」とは，チームがなにに重きを置くかの判断基
準・方針のことをいう。開発方針として以下の価値を採用している。
- ・コミュニケーション
- ・フィードバック
- ・シンプル
- ・勇　気
- ・尊　重

以下，この(2)に箇条書きした「価値」の項目の考え方を中心に説明してい
く。

(1) **XP の価値—コミュニケーション：** 開発プロジェクトにおいてはさ
まざまなレベルのコミュニケーションが存在する。開発者と顧客の間の
コミュニケーションや，開発者同士のコミュニケーションは非常に重要
である。ソフトウェア開発現場で発生するほとんどの問題の原因はコ
ミュニケーション不足にあるため，XP ではコミュニケーションが特に重
要視されている。

(2) **XP の価値—フィードバック：** 「最もよいフィードバックは稼働して
いるシステムから得られる」ということが基本的な考え方である。その
ため，XP では素早くフィードバックを得るために以下のような仕組みを
提供している。

- **短期リリース**： 顧客からシステムへのフィードバックを得るため
- **計画ゲーム**： チームの進捗状況を計画に反映するため
- **テスト駆動開発**： 作成中のコードからフィードバックを得るため
- **継続的結合**： 大きい規模でシステム全体からフィードバックを得るため

(3) **XP の価値─シンプル**： シンプルであることは，さまざまな場面において重要となる。価値を述べるときや，顧客とコミュニケーションをとるとき，プロジェクト運営や必要な機能の実現について述べるとき，これらのどの場面においても，最もシンプルな方法を採用することが成功への道である。将来的になんらかの変更が見込まれるからといった理由で，わざと複雑な設計にしないことが肝要である。

(4) **XP の価値─勇気**： 勇気をもって行動する姿勢が高く評価される。例えば，コードを綺麗に書き換える勇気，不要なコードを削除する勇気，進捗遅れを上司や同僚に報告する勇気などによって，コミュニケーションが促進されメンバー相互の信頼関係が深まる。いかに勇気をもって恐怖に対処していくかによって，チームの作業が効率よく進むか否かが決まってくる。

(5) **XP の価値─尊重**： 「尊重」は，「コミュニケーション」，「フィードバック」，「シンプル」，「勇気」の背後に共通して存在する価値である。チームのメンバーはたがいに尊重し合い，各自の経験の違いや，得意・不得意などをたがいにフォローする。チームのメンバー全員がプロジェクトの価値を尊重していることが重要である。

(6) **XP のプラクティス**： 「プラクティス」は XP の価値を具体化する方法のことであり，具体的には，つぎのようなものが挙げられる[†]。：プロジェクト管理，短期リリース，ユーザテスト，計画ゲーム，チーム運営，共同所有，継続的結合，コーディング規約，メタファー，最適ペー

[†] これらアジャイル開発に関連する用語については，本書ではその意味について特にふれないので，必要に応じて文献などを参照してほしい。

ス，シンプル設計，リファクタリング，テスト駆動開発，ペアプログラミング

6.2.2　XP におけるシステム開発

XP におけるシステム開発は，以下の四つの作業から構成される（**図 6.2**）。

(1) **要 求 定 義**：　顧客の要求を**ストーリーカード**に分割して記入し，各カードの優先度と作業量を見積もる。そして，各反復において開発範囲を決定していく。

(2) **設　　　計**：　各ストーリーカードに書かれた内容を実現するために必要な作業を，開発者が協議して**タスク分割カード**に書き出す。そのカードを用いて，各開発者が担当する作業の範囲を決定する。

(3) **構　　　築**：　開発者が 2 人でペアを組んで，タスク分割カードに指定されたプログラミング作業を行う（ペアプログラミング）。各ペアが担当した範囲のプログラミングが完了したことは，ユニットテストを行って確認する。

(4) **テ　ス　ト**：　作成されたプログラム全体によって，ストーリーカードに記入された開発範囲がすべて実現されているか否かを確認する受け入れテストを行う。

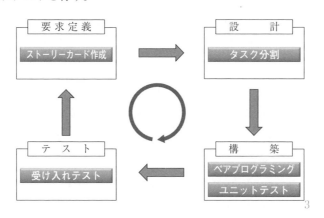

図 6.2　エクストリームプログラミング

ストーリーカードやタスク分割カードは**インデックスカード**と呼ばれており，図書館で蔵書検索などに使われる紙カードと類似のカードである。上記の「要求定義」から「受け入れテスト」までのサイクルを1回実行することを，XPでは**反復**と定義する。通常，XPでは1回の反復を2～3週間程度の短期間で実行する。短期間で反復を行うことにより，顧客の要求の変化にきめ細かく対応することが可能となり，顧客の要求に即したソフトウェアの開発が行えるようになる。

6.2.3 ストーリーカード

アジャイル開発においては，顧客の要求を明らかにし，それを開発要員の間で共有するために，ユーザストーリーを記述する。ユーザストーリーとは，どんなシステムをつくるのか，そのシステムによってなにが実現できるのか，そのシステムによってどんな価値が生み出されるのかについて，システムの利用シーンが具体的にイメージできる形で書かれた物語のような記述のことをいう。

ストーリーカードにはユーザストーリーが記入される。1枚のストーリーカードには一つのストーリーを記入する。その記述内容はストーリー名称とストーリー詳細に分かれる。通常，A4サイズくらいのカードに，ユーザがそのシステムを使って実現したいことを記入する。カードはあまり大きくないので，書き込む内容は簡潔にまとめなければならない。ストーリーカードに必ず記入すべきことは，「誰が」，「なんのために」，「なにをしたいのか」の3点である。

図6.3に，ストーリーカードの簡単な記入例を示した。このカードに書かれたストーリーは，AAAスーパーの店長が使用する「日別売上ランキング」の表示システムに関するものである。店長はこのシステムを操作して，系列のスーパー全店でよく売れている商品を確認し，メーカーに追加注文をしたり，あるいは売れていない商品を確認し，追加注文を控えるなどの判断ができる。

通常，1枚のストーリーカードには，数日～1週間程度の期間で実現できる機能についてのストーリーを記入する。その際，技術者目線で記述内容を分割

No.	作成日	カテゴリー
1	2021 年 6 月 5 日	日別売上ランキング

ストーリー名称

　AAA スーパーの店長は，各店舗の「日別売上ランキング」を毎日確認する。
その「日別売上ランキング」から，発注品目の種類と量を決定する。

ストーリー詳細

・日付を入力すると，その日の売上情報を確認できる。

・売上げがない日付を入力した場合は，データがない旨のエラーが表示される。

・「日別売上ランキング」画面には，前日の情報をデフォルトとして表示する。

・売上高一覧は，通常，売上高の高い品目から順に並べて表示する。
　オプションとして売上高の低い品目から順に並べることも可能とする。

図 6.3　ストーリーカード

してはいけない。あくまでもユーザ目線でストーリーを分割して記述する。基本的に，顧客がストーリーカードを書き，その内容を開発者に読んで聞かせるような使い方が想定されている。

　アジャイル開発では開発作業のつぎの反復に進む前に，まだ実装されていないシステムの機能の中から，つぎにどの機能を実装するかを顧客と協議し，顧客が指定した機能の開発を進めていく。顧客との協議の際には，作業の優先順位の決定が非常に重要となる。作業の優先順位を決めるためには，開発すべき機能を明確にし，かつそれぞれの機能の開発に要する時間も明確にしておかなければならない。アジャイル開発では，このような情報を顧客と共有することにより，各反復において開発範囲を柔軟に変更できるようにしている。

　通常，アジャイル開発では，仕様の策定者である顧客も開発チームに参加しているので，開発範囲の協議を行いやすい。そのような顧客との協議の際に使用されるのが，ストーリーカードとタスク分割カード（次項参照）である。XP では，これらの 2 種類のカードを用いて，各反復開発において，どのカードのタスクを実行するかについて話し合いを行う。

6.2.4 タスク分割カード

タスク分割カードとは，ストーリーカードに書かれた機能を実装するために必要な作業や，そのコストを記入したカードのことをいう。ストーリーカードに書かれた機能をどのように実現するかという観点から，タスク分割カードには実装に必要な具体的なタスク（作業）を記入する。その際，各カードに記入されたタスクの開発期間はなるべくそろえるようにする。例えば，1枚のタスク分割カードに書かれた作業に必要な日数を，できるだけ2日に統一することなどが考えられる。

図 6.4 に，タスク分割カードの簡単な記入例を示す。これは，図 6.3 のストーリーカードに記載された，AAA スーパーの店長が使用する「日別売上ランキング」システムの表示画面の実装に関するタスク分割カードである。店長はこのシステムを使用して，系列のスーパーでよく売れている商品や，あまり売れていない商品を確認することができる。また，画面上に一度に表示される商品の件数を 50 件と 100 件のどちらかから選べる。そのような画面表示機能

タスク名	ストーリー名
「日別売上ランキング」表示機能作成	日別売上ランキング

タスク内容（箇条書き）

・売上高ランキング機能の作成

・売上高の高い順から表示する機能の実装

・売上高の低い順から表示する機能の実装（オプション）

・商品の表示件数を 50 件と 100 件のどちらかから選択する機能の実装

作業時間見積り　　20時間（ペアプログラミング）

実施予定日　　6月10日〜6月14日

図 6.4 タスク分割カード

を，ペアプログラミングで 20 時間で作成する，というタスクについて記入されていることがわかる。

　一般に，短いストーリーの変更は，長いストーリーの変更よりも容易に行えるので，ストーリーの内容変更を行う場合には，ストーリーを分割することによって容易に対応できる。また，ストーリーが適切に分割されていれば，テストも行いやすくなる。例えば，ストーリー中のある機能の処理効率が心配な場合には，その機能を 1 枚のタスク分割カードに記入しておき，そのカードに記載されたパフォーマンステストの優先順位を上げるなどの対応も可能である。

6.2.5　インデックスカードの取扱い

　アジャイル開発においては，ストーリーカードやタスク分割カードのようなインデックスカードを用いたモデリングがよく行われているが，XP では，インデックスカードはあくまでも過渡的なドキュメントとして取り扱っている。XP の場合，最終的に維持するドキュメントはプログラムコードであるため，プログラミングが始まればインデックスカードは捨てるのが普通である。しかし，本書で提案する EPISODE では，インデックスカードは捨てずに，ソフトウェアに付随したドキュメントとして位置づけて，開発したソフトウェアの概要を知るためのドキュメントとして公開する。

　上述のように，XP では要求定義，プログラミング，テストなどの開発作業が反復的に行われる。その開発の過程では，ストーリーカードとタスク分割カードを用いて要求の記述やタスクの分割を行う。そのため，XP では分析や設計の作業は特段行わないが，そうすることでプログラミング要員が待ち状態にならないようにしている。また，開発の過程で，インデックスカード以外のモデルをつくらないようにすることで，モデルを維持するオーバーヘッドをなくしている。その結果として，プログラミングを行う段階になって，要求内容の矛盾点や不明点が発見される場合が出てくるが，それらの問題点については，開発チームに参加している顧客に直接質問して解決することとされている。

　前述のとおり，XP の要求定義やタスク分割の作業においては，顧客や開発

者の間で協調的に議論を進めるために，ストーリーカードやタスク分割カードがよく用いられる。これらのインデックスカードは，要求やプロジェクトの管理のための一種のモデルである。このようなカードを用いたモデリングでは，短い文書が書かれたインデックスカードしか使わないので，誰でも簡単に使用できるというメリットがある。さらに，複数人が一緒に作業を行うことができるといったメリットもある。

　一般に，UML のようなソフトウェア開発のための表記法を用いて，実際にモデルが書けるようになるまでには，数週間から数箇月の教育期間を必要とする。一方，インデックスカードを用いたモデリングは5～10分程度の説明を受ければ，誰にでも行えるという大きなメリットがある。さらに，インデックスカードを用いたモデリングでは，カードを参加者に分担して書いてもらうことで，全員参加の協調的なモデリングを行うことが可能となる。また，インデックスカードを用いたモデリングであれば，準備なしに，参加者全員で即興的にモデリングを行うことも可能になる。

6.3　アジャイルモデリング

　Scott Ambler は，アジャイル開発におけるモデリング作業を効果的に行うために，有効な価値，原則やプラクティスを整理し，アジャイルモデリング（AM）として提案した。AM の主要な特徴は以下の3点である。

　第一に，AM では迅速なフィードバックに重きを置く。具体的には，顧客の要求を迅速に理解するために，モデルとしてストーリーカードを積極的に使用する。それと同時に，モデルに対する顧客からのフィードバックを素早く得るために，モデルがある程度作成できた段階で，そのモデルの妥当性をプログラムによって確認する。つまり，仮説の妥当性を，実際に動くプログラムで確認しながら，少しずつモデリングを進めていくのである。このような顧客からのフィードバックを素早く得るために，AM でも短期間での反復を推奨している。

　第二に，ストーリーカードなどによるモデリングを，開発者同士が話し合い

を行うための手段として位置づける。つまり，ストーリーカードを，開発者間での単なる情報伝達の手段とは捉えないのである。また，モデリングは1人で行うのではなく，複数人で行うことを推奨する。実際，そのような複数人によるモデリングは，ストーリーカードの作成という手軽な方法で実行することができる。

　第三に，適当なモデリングテクニックを広く浅く使うことを推奨している。その場合のモデリングテクニックの選択において重要なことは，議論しながらモデリングを行うのに適した即興生のあるテクニックを使用することである。実際，AMではインデックスカード作成のような即興的なテクニックをよく使用する。さらに，UMLのような図式的なモデルも併用することが多い。ただし，UMLなどのモデリングのテクニックは完全に習得しようとすると長い時間を要するが，AMではこれらのモデリングテクニックのごく基本的な部分だけを広く浅く使うことを推奨している。具体的には，5～10分間程度の説明で誰もが使えるようにするため，モデリングで使用する表記法の簡単な見本を用意することも推奨している。

■■■　ま　と　め　■■■

(1)　**アジャイル開発**
　　・アジャイル開発では，要求分析，設計，実装，テストの各フェーズを短期間で繰り返しながらシステムを開発していく。とにかく動くソフトウェアを短期間で開発し，それらを成長させていく形をとる。
　　・1回の反復期間は1週間から1箇月程度と短期間なので，各反復期間の最後にリリースしたソフトウェアを見た顧客からの意見を，システム開発にフィードバックすることができる。そのため，要求仕様の変更，開発の優先順序変更にも柔軟に対応できる。
　　・2001年にソフトウェア開発者たちが集まり，アジャイル開発を支える中心的な信念をまとめたアジャイルソフトウェア開発宣言が作成された。
(2)　**エクストリームプログラミング**：　エクストリームプログラミング（XP）は，1999年にKent Beckらが発表したアジャイル開発方式である。XPでは，

システム開発は以下の四つの作業により行われる。

- **ストーリーカード作成**： 顧客の要求を**ストーリーカード**に分割して記載し，カードごとに優先度と作業量の見積りを行って，各反復における開発範囲を決定する。
- **タスク分割**： 各ストーリーカードを実現するために必要な作業を，開発者が協議して**タスク分割カード**に書き出し，開発者の各ペアが担当する作業の範囲を決定する。
- **ペアプログラミング・ユニットテスト**： 開発者の各ペアが，タスク分割カードに指定されているペアプログラミング作業を行う。担当する作業範囲が完了したことは，ユニットテストを行って確認する。
- **受け入れテスト**： 作成されたプログラム全体で，ストーリーカードで指定された開発範囲がすべて実現されているか否かを確認する。

(3) **アジャイルモデリング**： Scott Ambler は，アジャイル開発におけるモデリング作業を効果的に行うため，有効な価値，原則やプラクティスを整理し，アジャイルモデリング（AM）として提案した。AM の主要な特徴は以下の3点である。

- 迅速なフィードバックに重きを置く。
- ストーリーカードなどによるモデリングを，開発者同士が話し合いを行うための手段として位置づける。
- 適当なモデリングテクニックを広く浅く使うことを推奨する。

7.1 従来のソフトウェア工学の問題点

従来のソフトウェア工学は，銀行のオンラインシステムなど，顧客から受注したソフトウェアの開発を大規模プロジェクトで行う場合を主な適用対象としているが，このようなソフトウェア工学の手法を用いて，スマートフォン（以下，スマフォ）のアプリなど，少人数グループによる独創的なソフトウェアの開発を行おうとすると，つぎのような問題が発生する。

問題点1: 従来のソフトウェア工学では，企画（要望）は顧客からもち込まれることが想定されており，ソフトウェアの開発作業は，通常，その企画に関する要求定義から始まる。そのため，新規に開発するソフトウェアのアイディアを創出し，企画を提案するための手法はあまり考えられてこなかった。

問題点2: 大人数のグループで作業する場合，開発したソフトウェアのドキュメントが膨大になり過ぎる傾向があり，その把握に時間がかかる。また，ドキュメントが一般公開されることはまれなので，ソフトウェアの内容を把握する際に参考となるドキュメントが存在せず，短時間で既存ソフトウェアを理解することが難しい。

そこで筆者は，デザイン思考や人工知能，データ分析などの手法を用いてソフトウェア工学の従来手法を拡張し，効率的かつ創造的な「少人数グループによる独創的なアプリ開発」のための新手法 EPISODE を提案している。具体的

には，アジャイル開発（XP）にデザイン思考の手法を融合し，新たな AI ツール群も利用してデータ分析も行い，上記の問題に対して以下のような解決法を提案した。

問題点 1 に対する解決法：　ブレインストーミングなどのデザイン思考の手法を用いて，既存アプリにはない新規のアイディアを創出し，それをもとに，企画書，ストーリーカード，広告（クイックプロトタイピング）などを作成することで，独創的なソフトウェアの開発を行う。

問題点 2 に対する解決法：　開発手法として EPISODE を用いてアプリを開発した場合には，企画書，ストーリーカード，アクティビティ図，広告なども公開し，短時間でそのアプリの内容が理解できるようにする。少人数グループの特性を生かして，無駄を省き効率的に開発を行えるようにする（これは，アジャイル開発と同様の考え方である）。

本章では，最初に EPISODE の枠組みを説明し，EPISODE によるシステム開発で実際に使用する，デザイン思考，ソフトウェア工学の手法や，AI ツールを紹介する。次章では，EPISODE を用いたチャットボット開発の具体例を紹介し，EPISODE の適用法を実践的に理解してもらう。さらに，本書の最終章では，EPISODE の要点を整理した後に，EPISODE の種々の応用例について紹介する。

7.2　EPISODE とは

EPISODE は，Extreme Programming method for Innovative SOftware based on systems DEsign の略であり，以下のような図式で表現できるシステム開発手法である。

EPISODE ＝ アジャイル開発 ＋ デザイン思考 ＋ データ分析

EPISODE によるシステム開発の流れを**図 7.1** に示す。EPISODE では，この図にあるような，**企画→設計→実装→評価**という作業のループを通してシステムを開発していく。このような形で繰り返し作業を行う方式は，アジャイル開

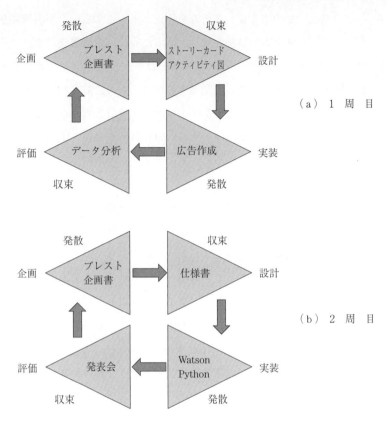

図 7.1 EPISODE によるシステム開発の流れ

発における作業の流れを参考にしている。

　EPISODE の 1 周目のループ作業内容（図(a)）は以下のとおりである。

企　画：　ブレインストーミング（ブレスト）を行い，開発するシステムの
　　　　アイディア出しを行う。出されたアイディアを**親和図法**によって整理す
　　　　ることにより，気づき†を得ることができる。この段階では，技術的な
　　　　枠組みにとらわれずに，あれば便利と思うシステムや，つくりたいシス
　　　　テムについて自由に発想することを心掛ける。ただ，アイディアを出し

---

†　ここでの「気づき」は，誰かから教えられたりすることなしに，自分の内面から生じ
　る感覚的な発見やひらめきによって，それまで見落としていたことや問題点に気づく
　ことをいう。

ただけでは，どのようなシステムを作成しようとするのかが明確になら

ないので，システムの構想を練り上げるために，**企画書**を書く。

設　計：　開発するシステムの**ストーリーカード**を書いたり，**アクティビ
ティ図**を描いたりすることで開発するシステムの設計を行う。まず，ス
トーリーカードを書くことでシステムの概要設計を行うが，その際，**カ
ンバセーション**も行って，システムの開発目的や価値，実現可能性など
について議論しておく。つぎに，アクティビティ図の作成を通して開発
システムの詳細設計を行う。

実　装：　開発するシステムが完成したときに，そのシステムを世の中に対
して宣伝する際に使用する**広告**を描く。あるいは，完成品が3次元的な
ものであれば，**模型**を作成してもよい。そのようなシステム完成時のイ
メージを素早くつくることで，開発しようとするシステムについて，さ
まざまな角度から検討を加える（**クイックプロトタイピング**という）。

評　価：　開発するシステムの概要が固まったところで，世の中に類似の製
品がないかどうかについて，IBM Watson Discovery などの AI ツールを
用いて**データ分析**を行い調査する。競合しそうな他のシステムがあった
場合，そのシステムと比較して，開発するシステムのほうにメリットが
あるか否かを分析する。

一方，EPISODE の**2周目のループ作業内容**（図（b））は以下のとおりである。

企　画：　直前の評価の結果を踏まえ，必要に応じて再びブレインストーミ
ングを行って，企画書を改訂する。

設　計：　直前の企画書の変更を受けて，ストーリーカードやアクティビ
ティ図を修正し，開発するシステムの概要設計，詳細設計を固めていく。

実　装：　IBM Watson Assistant などの AI ツールを利用して，システムを
効率的に開発する。その際，タスク分割カードを書くことにより，開発
に必要な工数や時間を見積もっておく。

評　価：　成果発表会などを行い，第三者からの評価もお願いして，開発し
たシステムの客観的評価を行う。

　図7.1でも示したように，EPISODEでは以下のような手法や様式を使用する。

(1)　**デザイン思考関連**

　　・ブレインストーミング

　　・親和図法

　　・広告（クイックプロトタイピング）

(2)　**アジャイル開発（エクストリームプログラミング）関連**

　　・ストーリーカード（6章参照）

　　・カンバセーション

　　・タスク分割カード（6章参照）

　　・アクティビティ図

(3)　**AIツール・データ分析関連**

　　・IBM Watson Assistant

　　・IBM Watson Discovery　など

　上記の手法や様式については以下で詳しく解説するが，上で述べたような，企画→設計→実装→評価という作業の流れにおいて，もう一つ注目すべき側面は，企画段階ではアイディアを**発散**させるが，設計段階でそのアイディアを一度，**収束**させるということである。さらに，つぎの実装段階で，再びアイディアを発散させるが，最後の評価の段階で最終的にアイディアを収束させる。このように，アイディアの発散と収束を繰り返すことによって，独創的なアイディアを創出していこうというのが，**デザイン思考**の基本的な考え方である。さらに，EPISODEにおける実装や評価の作業の際に，**先進的なAIツール**を積極的に利用して実装を効率化したり，データ分析に基づく評価を行う。

　このような形で，EPISODEは，アジャイル開発の枠組みにデザイン思考によるアイディア創出の仕組みを融合し，さらに具体的な作業においては，AIツールやデータ分析の手法を積極的に利用しよう，という考え方のシステム開発手法である。

それでは，次節で，EPISODE において使用される手法や様式について，個別に説明していこう。

7.3 EPISODE の基本

7.3.1 デザイン思考関連

〔1〕 **デザイン思考とは**   「なにか，よいアイディアはないか？」と，上司は部下にしばしば問いかけるが，「よいアイディア」はなかなか思い付かないものである。特に，「イノベーションを起こすような革新的なアイディア」を得るのには天才のひらめきが必要なのだろうか？ デザイン思考は，画期的なイノベーションを起こすための，誰にでも実施できるプロセスである[4]。

2000 年代中ごろにアメリカのシリコンバレーで注目されたのが，デザインコンサルティング会社の IDEO 社（アイディオ社）であった。同社はアップル社の最初のマウスをデザインし，iPod の商品開発にも深く関わった会社である。IDEO 社は，画期的な医療機器，キッチン用品，金融商品などをデザインし，「世界で最もイノベーティブな企業 25 社」（米，「ビジネスウィーク」誌，2006 年）に，デザインコンサルティング会社として唯一選ばれた会社でもある。同社が提唱したビジネスプロセスが「デザイン思考」である。その詳細については，IDEO 社の社長兼 CEO のティム・ブラウンの著書，「デザイン思考が世界を変える」（早川書房）[2]を参照されたい。

イノベーションとは，「新しいアイディアの実施を通じて，価値を創造する人々」であると，IDEO 社副社長のトム・ケリーが著書「イノベーションの達人！」（早川書房）[3]の中で定義している。定義の結びを「人々」としているのは，「イノベーションは科学技術さえあれば生まれるものではない。人間のもつ強い意志，不屈の努力，それぞれの創造力をもって人間が人間のために成し遂げるもの」だというケリーの強い信念によるものだ。

「新しいアイディア」は人間が思い付くものだが，どのようにしたら「新しいアイディア」を思い付けるのだろうか？ トム・ケリーによるイノベーショ

ンの定義に現れる「価値」は，当然，人間にとっての価値である。したがっ
て，この「新しいアイディア」というものは，人工知能には発想できないだろ
う。なぜならば，人工知能には価値観がないからである。「新しいアイディア
の実施を通じて，価値を創造する」のが「デザイン思考」のプロセスなので，
「デザイン思考」を習得した人は，人工知能を超える存在になることができる。

　米国では，これまで，ハーバード大学卒のエリートたちが政財界をリードし
てきた。ご存じのように，ハーバード大学のお家芸は，「ロジカル思考」と
「ディベート」であり，緻密な論理構成力で，問題解決・意思決定を行ってき
た。しかし，合理的・論理的思考は，イノベーションにブレーキをかけてしま
うため，近年,「破壊的イノベーション」に注目が集まった。この破壊的イノ
ベーションの騎手は，シリコンバレーの企業と，そこに人材提供するスタン
フォード大学であった。

　スタンフォード大学では，IDEO 社の共同創業者であり同大学教授でもある
デビッド・ケリーが中心となって，2004 年にデザイン思考を学ぶための教育
プログラムを設立した。ハーバード大学経営大学院を頂点とするビジネスス
クールに代わって，デザイン思考を教える創造性教育が，これからの産業界で
必要とされるリーダー人材や企業家を生み出すものと期待されている。2008
年のリーマンショック以降，米国経済の牽引役がシリコンバレーの企業に移行
したことで，デザイン思考が世間の注目を集めた。

〔2〕 ブレインストーミング　　ブレインストーミング（以下，ブレスト）
とは，1950 年ごろにアメリカで考案されたアイディア発想法である。自由連
想法といわれ，連想ゲームのようにして集団でアイディアを出していくが，1
人でブレストを行ってアイディアを出すことも可能である。1 人では解決でき
なかったことが，友人の一言で一気に解決することがあるが，ブレストはその
ようなことを意図的に実現するための方法論である。

　最初に，ブレストの準備について述べる。

　・ブレストは，通常，10 人以下のグループもしくは個人で行う。最初に解
　　決すべき課題を設定し，メンバーを集める。ホワイトボードや模造紙，付

箋，マーカーのような筆記用具といった文房具も用意する。

・ブレストのメンバーはできるだけ立場や性格の異なる人たちで構成する。
男女も半々くらいの人数比になるのが理想的である。課題解決のために
は，多角的な意見を集約するべきなので，いろいろな人たちにブレストに
参加してもらうようにする。

・ブレストは制限時間を設定して進行するようにし，発言をダラダラとつづ
けないようにする。ブレストを効果的に進めるには，制限時間内に終える
ようにするのがよい。そのために，ストップウォッチやタイマを用意して
おく。

ブレストを行う際の具体的なルールは以下の3点である。

(1) **人のアイディアを批判しない**：　ブレストの目的は，多様なアイディ
アを集めることである。突飛なアイディアや実現不可能なアイディアが
出されることもあるが，そのようなアイディアを批判してはいけない。
それらのアイディアに触発されて，別のよいアイディアが出る可能性が
あるからだ。

(2) **質より量を重視する**：　多様なアイディアを組み合わせて新たなひら
めきを得るには，大量のアイディアが必要になる。そのため，ブレスト
では「質より量が重要」と考えて，とにかくどんどん発言するようにす
る。他人の発言を批判することはブレストのルール(1)で禁止されている
し，恥ずかしいことなどなにもないので，とにかく，たくさん発言する
ように心掛けるのである。

　実際のところ，「恥ずかしがらずに発言すること」が，日本人には難し
い場合があるようだ。一般に，「つまらないことは，発言しないでおこ
う」と思う日本人が多いようだが，ブレストの際には，つまらないこと
でもなんでも，口に出して，周囲の人たちの脳を刺激することが重要な
のである。

(3) **価値判断をしない**：　ブレストで出されたアイディアの価値を判断
し，最終的に，なんらかの結論を得る必要はあるが，ブレストの最中に

　　その種の判断をしてはいけない。ブレスト後に結論をまとめるための会

　　議を行うようにする。

　ブレストで，アイディアがある程度出てきたら，それらのアイディアを組み

合わせて問題解決できないかを考える必要がある。その際に有効なのが親和図

法である。

　親和図法は，情報をグルーピングして意味を可視化するための手法である。

ブレストの実行時には，ホワイトボードや模造紙に，アイディアを書き付けた

付箋紙をランダムな位置に貼り付けていく。親和図法では，それらの付箋紙

を，意味の近いもの（親和性の高いもの）が近くに集まるように貼り直し，グ

ルーピングしていく。

　なお，親和性の定義の仕方によって，最終的に得られるグループが異なって

くるので，参加者間で親和性の定義をどう定めるかについて，議論を行う必要

がある。そのようなグルーピングの過程で，個々のアイディアの関係性などに

気づくことができるし，併せて，参加者間の合意形成も行われる。

　最後に，得られた各グループにその特徴を表す名前を付け，グルーピングの

過程を振り返りながら全体を俯瞰する（**図 7.2**）。出来上がった親和図を俯瞰

することによって，ブレストで解決すべき課題に対して，新たな気づきが得ら

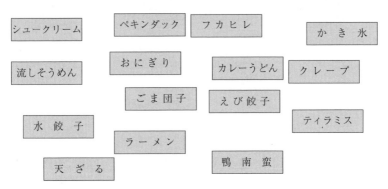

（ a ）「好きな食べ物」に関するブレインストーミングの結果（付箋紙を張り付
　　　けた結果）

図 7.2　ブレインストーミングと親和図法

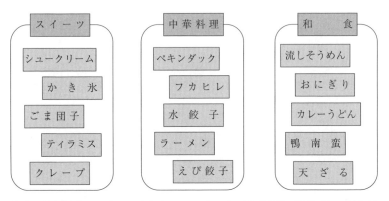

（ｂ） 親和図法におけるよくないグルーピングの例（料理の種類ごとに付箋紙を貼り直してグルーピングした結果：当たり前過ぎて，なんの気づきも得られない）

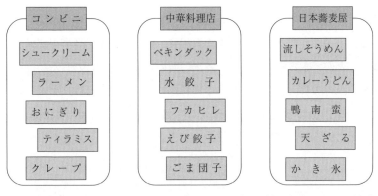

（ｃ） 親和図法におけるよいグルーピングの例（その料理を食べられる場所でグルーピングした結果：例えば，「コンビニでごま団子を発売したらどうか」などの気づきが得られる）

図7.2 ブレインストーミングと親和図法（つづき）

れるという効果が期待できる。

　ブレストを行ってみたものの，あまりうまくいかないと感じる人も多い。ブレストがうまくいかないのは，多くの場合，目的が明確になっていないからである。ブレストを導入しさえすればなんでも解決できるというものではない。

　ブレストは問題解決のための発想法だが，解決すべき問題が曖昧だとうまく

機能しない。解決すべき問題の定義が曖昧だと，問題の解釈が複数通り可能になる。例えば，「DVD のレンタル件数を増やすにはどうしたらよいか？」という問題の場合，その DVD レンタル企業全体の話なのか，特定の店舗に関する話なのか，あるいはあるジャンルの DVD に関する話なのか，といった解釈の余地が生じるので，問題の定義が曖昧であることがわかる。この問題の場合は，例えば，「その企業全体の DVD のレンタル件数を，前年度と比較して30％増加させるにはどうしたらよいか？」というような問題設定にすべきである。このように，ブレストで解決すべき問題の定義が曖昧にならないよう，十分注意する必要がある。

〔3〕**広告（クイックプロトタイピング）**　　簡単に手っ取り早くつくった最低限のもののことをプロトタイプと呼ぶ。見た目は最低限でよいから，とにかく迅速につくったもののことをいう。完璧でないことを恐れずに，中途半端なものでもよいから，とりあえず目に見えるようにすることが大事という考え方に基づく。短い周期でプロトタイピングを行うと，自分自身やチームの意識をまとめていくことができる。

例えば，スマフォのアプリのユーザインタフェースを考える際に，大きな段ボール紙を 1 枚用意し，人の胸くらいの位置をくりぬいて窓を開け，段ボール紙の向こう側に人が立って，スマフォの画面内のキャラクターの役割を演じる。段ボール紙のこちら側に立った人がスマフォのユーザの役を務め，手をかざして，スマフォの画面上で操作を行っているかのような動作をする。その動作に合わせて，段ボール紙の向こう側のキャラクター役の人が，想定しているキャラクターの動作を寸劇のように演じてみせる。その演技を見た参加者が，そのようなインタフェースをスマフォに搭載すべきか否かを議論するのである。

この場合，スマフォのインタフェースの簡単なコードを書いて部分的に実装し，デモを見ながら議論をする方法も考えられるが，そのようなデモを用意するには，ある程度の時間が必要になる。一方，段ボール紙の向こう側での寸劇であれば，すぐに実行して，議論を行うことができる。

クイックプロトタイピングの別な具体例としては，例えば，作成しているス

マフォのアプリが完成したときの，宣伝用の広告を書いてみることが挙げられる。その場合の広告の作成方法は，以下のとおりである。

・広告のリアルな対象者（ペルソナ）を1名選定する。

・「作成したチャットボット」の対象者に向けた広告を作成する[†]。

・対象者に対するメリットを多数記入する。

・希望小売価格を入れる。

・イラストを多用する。

図7.3に広告の具体例を示す。

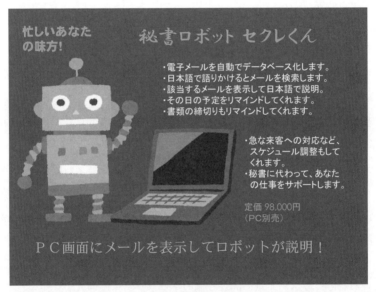

図7.3 広 告 の 例

このような広告を作成することには，以下のようなメリットがある。まず開発しようとするアプリの利用者（対象者）が明確になる。その対象者に対するメリットを具体的に多数記入することで，アプリ実装の目的が明確になってくる。また，利用者が本当にほしがるアプリであるかどうかも想像しやすくな

[†] チャットボットについては，7.3.3項および8.2節を参照。

る。記入した希望小売価格によって，実装しようとするアプリの規模感も意識
できるし，その価格で本当に利用者が購入するのか？，その価格に見合ったア
プリなのか？，などについても想像ができるようになる。また，広告に描き込
まれたイラストによってアプリの具体的なイメージも湧いてくる。このよう
に，開発しようとするアプリの具体的なイメージやメリットなどを，明確に意
識することができるようになるのである。さらに，その広告を見た第三者など
からのコメントによって，もしさえない企画であることを認識することができ
れば，そのコメントに従って，企画や設計を早い段階で修正することも可能に
なる。

　質を妥協してでも早い段階でプロトタイピングを行うことには，さまざまな
メリットがあるが，その際に重要となるのが，プロトタイプをいきなり見て率
直にコメントしてくれる第三者である。どのような仕事であっても，完成して
からレビューを行うのではなく，試作段階で第三者から意見をもらい，完成度
を高めていく手法は非常に有効である。最初につくったプロトタイプは完璧で
はなく，必ず改善点が見つかるはずである。そのような改善点は，議論だけで
は気づけないが，目の前になんらかの試作品があるとつぎからつぎへと意見が
出てくるものである。また，つくったプロトタイプを目の前にすると，プロト
タイプの作者自身が第三者に近い立場になることができ，自分のアイディアを
客観的に見ることができるようになる。

7.3.2　アジャイル開発（エクストリームプログラミング）関連

〔1〕　**アクティビティ図**　　ソフトウェア開発で利用されるフローチャート
と同様に，処理の流れを表現する図式のことをいう[5]。アクティビティ図の作
成には，日本語対応の以下の描画ツールが利用可能である。

<u>Lucidchart</u>：

　　https://www.lucidchart.com/pages/ja/uml-activity-diagram

　アクティビティ図の作成は，一般の流れ図の場合と同様，フローの手順の開
始，終了，統合などを表す特殊な記号を使って行う。アクティビティ図の詳細

については，Lucidchart の上記サイトで学習してほしい。以下では，アクティビティ図の概要についてだけ説明する。

まず，アクティビティ図を作成する目的としては，以下のものが挙げられる。

・アルゴリズムのロジックを明確に示す。

・ユーザとシステムの間の業務フローを図示する。

・複雑な業務を明確化し，業務プロセスの簡素化を行う。

アクティビティ図の作成に用いる主な図形や記号には以下のものがある（**表7.1**）。

(1)　**開始ノード**：　アクティビティの開始を意味するノードで，黒丸で示される。

(2)　**アクション**：　ユーザがタスクを実行する際の個々のアクティビティの内容を示す。アクションは角丸の長方形で示され，長方形内に簡単な説明が書かれる。

表7.1　アクティビティ図の作成に用いる主な図形や記号

名　称	説　明	記　号
開始ノード	アクティビティの開始を意味するノード	●
アクション	個々のアクティビティの内容を示すノード	▭
判断ノード	判断を表すノードでフロー内の条件分岐に対応	◇
コネクタ	アクティビティの方向性のあるフローを示す	→
ジョイン	並列に行われる二つのアクティビティを統合	⇉| →
フォーク	一つのアクティビティを二つに分割	→|⇉
終了ノード	アクティビティの最終段階を意味するノード	◉

(3)　**判断ノード**:　判断を表すノードで，フロー内の条件分岐に対応し，ひし形で示される。ひし形内に条件判断のためのテキストが書かれ，一つの入力と複数の出力があるので分岐パスを二つ以上つくることができる。

(4)　**コネクタ**:　アクティビティの方向性のあるフローを示す。

(5)　**ジョイン**:　並列に行われる二つのアクティビティを統合し，一つのアクティビティのみが発生するフローへ遷移させる。垂直または水平の太線で示される。

(6)　**フォーク**:　一つのアクティビティを，並列に行われる二つのアクティビティに分割する。ジョインから発生する複数の矢印で示される。

(7)　**終了ノード**:　アクティビティの最終段階を意味し，白い枠が付いた黒丸で示される。

アクティビティ図を使えば，プロセスのフローをわかりやすく図式化することができる。**図 7.4** に，自動車を発進させるまでの手続きを図式化したアクティビティ図を示す。このアクティビティ図は，ブレーキペダルを踏み込んだままの状態で行う以下の処理を示している。まず，エンジンを始動する。無事にエンジンがかかった場合には，サイドミラーを出しながら，セレクトレバーを D（ドライブ）に入れ，つぎにパーキングブレーキを解除する。そして，ブレーキペダルを徐々に緩め，アクセルをゆっくり踏んで発進する。もしエンジ

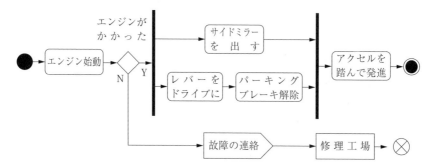

図 7.4　アクティビティ図の具体例（自動車を発進させるまでの手続きを図式化したアクティビティ図）

ンがかからなければ，故障なので修理工場に連絡する。このように，アクティビティ図を描くことによって，制御の流れを表現することができる。

〔2〕**カンバセーション**　ストーリーカードに書かれたストーリーを読んだだけでは，開発システムの利用シーンの細部まではわからないことがある。あるいは，アクティビティ図を見ただけでは，詳細な処理の流れがわからないことも多い。そこで，徹底的に会話をする必要が生じる。「アジャイルソフトウェアの 12 の原則」にも，「情報を伝える最も効率的で効果的な方法はフェイストゥフェイスで話をすることである」と書かれている。

そこで，システムの開発者が，自身が作成したストーリーカードやアクティビティ図について，他の開発メンバーや顧客とカンバセーション（会話）を行う。その際に，他のメンバーや顧客は，システム開発者に向けて以下のような内容の質問をする。

・そのシステムのどこが新しいのか？

・そのシステムはなんの役に立つのか？

・アクティビティ図に処理手順は明確に書かれているか？

・アクティビティ図に書かれた処理に見落しはないか？

・そのシステムは実際につくれるのか？

開発者がこれらの問いに答えることにより，開発者自身が自分のシステム設計の問題点を認識したり，その改善策を発想したりすることが，早い時点で可能となる。

7.3.3　AI ツール・データ分析関連

〔1〕**IBM Watson Assistant**　チャットボット（8.2 節参照）はユーザとコンピュータの自然言語による対話を可能にするアプリケーションである。例えば，企業への顧客からの問合せには，通常，人間のオペレータが対応するが，そのような対応をチャットボットに代行させることも可能である。**IBM Watson Assistant**（以下，Watson Assistant）というツールを用いると，そのようなチャットボットを比較的簡単に作成することができる[6]。

Watson Assistant は，ユーザの自然言語による発話を機械学習により理解し，適切に応答するツールである。チャットボットに自然な会話を行わせるために，ユーザはプログラミングをする必要はないが，その代わりに，自然言語の会話文の具体例を必要個数だけ Watson Assistant に与えなければならない。つまり，ユーザは機械学習用のデータ（自然言語文）を用意する必要がある。

Watson Assistant は，以下の三つの機能によりチャットボットの開発をサポートする。

- **ダイアログ**：　会話内容による条件分岐など会話の流れを定義できる。
- **インテント**：　会話文の意図を認識できる。
- **エンティティ**：　会話文の中の日時や数値などのキーワードを認識できる。

Watson Assistant による会話フロー作成の流れは以下のとおりである。

(1)　**会話シナリオの定義**：　どのような内容の会話の，どの部分を Watson Assistant の対象とするかといった概要を定義する。

(2)　**会話フローの定義**：　Watson Assistant で実現しようとする会話の具体的内容や，会話の進め方の詳細を定義する。

(3)　**意図の定義（インテント作成）**：　ユーザが入力するテキストが，なにを意図したものかを認識できるように機械学習させる。

(4)　**キーワードの定義（エンティティ作成）**：　ユーザが入力するテキストに含まれる特定のキーワードが認識できるように機械学習させる。

(5)　**会話フローの登録（ダイアログ作成）**：　Watson Assistant が実行可能な表現形式で会話の進め方を定義する。

Watson Assistant が対象とする会話は，特定のタスクの達成を目的とするものなので，タスク指向型の対話システムは Watson Assistant で比較的容易に作成できる。例えば，出前などの注文受付や，修理依頼に対する顧客のサポートなどを対象とする対話システムが，その具体例である。Watson Assistant はシナリオに基づいて会話を行うため，会話フローが定義できない雑談の実現に用いることは難しい。したがって，Watson Assistant は，非タスク指向型対話システムの実現には向いていない。

(3)のインテントとは，会話に含まれる特定の意図や話題を認識するための仕組みである。どのような会話文が特定の意図を表すのか，例文を用いて学習させることで，会話に含まれる意図を認識させる。例えば，出前の依頼を意図した文としては，以下のようなものが考えられる。

・出前をお願いしたいのですが。

・配達を頼みたい。

・注文してもよいですか？

・ラーメンを注文したい。

・料理をもってきてほしい。

インテントはキーワードマッチによる判定を行うわけではない。インテントは学習時に与えられた種々の例文から，当該意図を示す言葉がなんなのかを学習する。さらに，どういった言葉の組合せが当該意図を示すのかも認識できるようになる。そのようにして，インテントは，キーワードマッチよりも柔軟に，似たような内容の文を理解することができるのである。

一方，(4)のエンティティは，会話に含まれる特定のキーワードを認識する仕組みである。会話の中で認識させたい数値や用語，固有名詞などのキーワードを学習させることで，会話に含まれるそれらのキーワードを認識できるようになる。また，以下のような同義語を学習させることで，言葉のゆらぎにも対応することが可能である。

・Sサイズ

・エ　ス

・小さいサイズ

・一番小さいもの

・最小サイズ

本書の次章では，Watson Assistant を用いたチャットボットの開発方法について，詳しく解説する。

〔2〕 **IBM Watson Discovery**　**IBM Watson Discovery**（以下，Watson Discovery）は，ビジネスデータを対象とした検索や分析などのエンタープラ

イズサーチを行うシステムとして開発された。ここで，**エンタープライズサーチ（企業内検索）**とは，企業内の書類，人事・経営情報などを統合した検索を可能にするシステムのことをいう[6]。

Watson Discovery は，エンタープライズサーチの他，AI 検索にも利用できるツールである。データの中に埋もれた傾向や関係を分析し，ユーザの質問に対する精度の高い回答を生成する。Watson Discovery は，自然言語処理機能など，機械学習分野における最新の技術が用いられており，ユーザの分野の言語で機械学習を行わせることができる。

テキスト情報を Watson Discovery に登録する際には，内部で NLU（natural language understanding）という IBM Watson の API を呼び出し，その処理結果をメタ情報（後述）として本文テキストと Watson Discovery の INDEX 上に保存する。情報検索時には本文だけでなく，メタ情報も検索条件として使えるので，通常の検索エンジンよりも高度な検索が行える。

Watson Discovery の主な機能としては，以下のものがある。

(1)　**自然言語文検索**：　通常のキーワード検索に加え，自然言語文による検索も可能である。これにより，チャットボットなどによる自動応答の仕組みを支える AI システムとして活用することが可能である。

(2)　**関連性学習**：　質問と回答の関連性を機械学習させることにより，特定の領域に特化した最適なランキングモデルに修正していくことが可能である。

(3)　**Discovery クエリ**：　メタ情報を用いて，検索結果の集計を行うことができる。これにより，大量のニュース記事を時系列に見たときの傾向分析や異常検知を行うことが可能である。

Watson Discovery を用いると大量の文書データを対象として，手軽に精度の高い分析や検索を行うことができる。また，言葉のゆらぎが含まれた広範囲の文章の中からほしい情報を検索することができる。さらに，Watson Discovery News を用いると，最新のニュースを分析することも可能である。

Watson Discovery がこうした検索を行えるのは，対象となる文書群に対し

て，事前にランクづけ，およびメタ情報の付与や文書の傾向分析を行っているからである。Watson Discovery におけるメタ情報には，以下の 8 種類がある。このうちエモーションだけが英語のみの対応となっている。その他のメタ情報は日本語にも対応している。

- ・エンティティ（人名・場所など）
- ・リレーション（エンティティ間の関係）
- ・キーワード
- ・カテゴリー
- ・コンセプト
- ・セマンティックロール（文中の主語・動作・対象）
- ・センチメント（ポジティブ・ネガティブ判定）
- ・エモーション（喜び，悲しみ，怒りなどの感情の判定）

Watson Discovery の「**パブリックモデル**」を用いると，上記のメタ情報を，システムになにも学習させなくても抽出可能である。例えば文書中に登場する「人名 X さん」と「会社名 Y 社」は「雇用関係」にあるというような，エンティティ同士のリレーションを自動的に作成することができる。これだけでは不十分な場合には，特殊な用語や略号などを学習させた「**カスタムモデル**」を用いることもできる。

また，Watson Discovery News では，日本語のニュースやデータを日本語で検索し，そのニュースやデータを公開できるようになっている。検索条件入力画面に検索条件を入力するが，例えば「業務改善に有効なチャットボット」などで検索すると，News の文章データから最新情報が得られる。

Watson Discovery には，分析対象となる文書を自分でアップロードすることもできる。同種の文書をアップロードしていくと，それらの文書につぎつぎとメタ情報が追加されていく。アップロードした文書は，Watson Discovery News と同様に，さまざまな検索軸で検索をし，分析することができる。

■■■ ま と め ■■■

(1) **従来のソフトウェア工学の問題点**：「少人数グループによる独創的なソフトウェア開発」のための新手法 EPISODE では，従来のソフトウェア工学の問題点を以下のようにして解決する。

(a) ブレインストーミング，プロトタイピングなどのデザイン思考の手法を用いて，既存のソフトウェアにはない新規のアイディアを創出し，それをもとに，企画書，ストーリーカード，広告などを作成することで，独創的なソフトウェアの開発を行う。

(b) ソフトウェアが完成した後には，その企画書，ストーリーカード，アクティビティ図，広告などを公開し，第三者が短時間でそのソフトウェアの内容を理解できるようにする。

(2) **EPISODE とは**：　EPISODE は，Extreme Programming method for Innovative SOftware based on systems DEsign の略であり，以下のような図式で表現できるシステム開発手法である。

EPISODE = **アジャイル開発** + **デザイン思考** + **データ分析**

　EPISODE によるシステム開発の流れを図 7.1 に示した。EPISODE では，この図にあるような，**企画**→**設計**→**実装**→**評価**という作業のループを通してシステムを開発していく。EPISODE では以下のような手法やツール，様式などを使用する。

(a) **デザイン思考関連**
　　・ブレインストーミング　　　・親和図法
　　・広告（クイックプロトタイピング）

(b) **アジャイル開発（エクストリームプログラミング）関連**
　　・ストーリーカード（6 章参照）　　・カンバセーション
　　・タスク分割カード（6 章参照）
　　・アクティビティ図

(c) **AI ツール・データ分析関連**
　　・IBM Watson Assistant
　　・IBM Watson Discovery　　など

　EPISODE は，アジャイル開発の枠組みにデザイン思考によるアイディア創出の仕組みを融合し，さらに，具体的な作業においては，AI ツールやデータ分析の手法を積極的に利用しようという考え方のシステム開発手法である。

(3)　**EPISODE の基本**

(a)　**デザイン思考関連**

■**デザイン思考とは**：　デザイン思考は，画期的なイノベーションを起こすためのプロセスであり，2000 年代中ごろにアメリカのシリコンバレーで注目されたデザインコンサルティング会社の IDEO 社（アイディオ社）によって提唱された。スタンフォード大学では，IDEO 社の共同創業者である同大学教授のデビッド・ケリーが中心となって，2004 年にデザイン思考を学ぶ教育プログラムを立ち上げた。2008 年のリーマンショック以降，米国経済の牽引役がシリコンバレーの企業に移行したことで，デザイン思考が世間の注目を集めていった。

■**ブレインストーミング**：　ブレインストーミング（ブレスト）とは，1950 年ごろにアメリカで考案されたアイディア発想法である。自由連想法とも呼ばれ，連想ゲームのようにして集団でアイディアを出していく。課題解決のためには多角的な意見を集約するのが効果的なので，ブレストのメンバーはできるだけ立場や性格の異なる人たちで構成する。ブレストを効果的に進めるには，制限時間内に終えるようにするとよい。

ブレストを行う際の具体的なルールは以下の 3 点である。

・人のアイディアを批判しない。

・質より量を重視する。

・価値判断をしない。

ブレストで，アイディアがある程度出て来たら，それらのアイディアを組み合わせて問題解決できないかを考える必要がある。その際に有効なのが，情報をグルーピングして意味を可視化するための手法である**親和図法**である。

■**広告（クイックプロトタイピング）**：　簡単に手っ取り早くつくった最低限のもののことを**プロトタイプ**と呼ぶ。クイックプロトタイピングの具体例としては，例えば，作成しているスマフォのアプリが完成したときの，宣伝用の広告を書いてみることが挙げられる。その場合の広告の作成方法は，以下のとおりである。

・広告のリアルな対象者（ペルソナ）を 1 名選定する。

・「作成したチャットボット」の対象者に向けた広告を作成する。

・対象者に対するメリットを多数記入する。

・希望小売価格を入れる。

・イラストを多用する。

このような広告を作成すると，開発しようとするアプリの利用者（対象者）

が明確になる。また，その対象者に対するメリットを具体的に多数記入することで，アプリ実装の目的が明確になってくる。このような広告によって，開発しようとするアプリの具体的なイメージやメリットなどを，明確に意識することができるようになる。さらに，この広告を見た第三者などからのコメントに従って，企画や設計を早い段階で修正することが可能になる。

(b)　**アジャイル開発（エクストリームプログラミング）関連**

■**アクティビティ図**：　アクティビティ図とは，ソフトウェア開発で利用されるフローチャートと同様に，処理の流れを表現する図式のことをいう。アクティビティ図の作成は，一般の流れ図の場合と同様に，フローの手順の開始，終了，統合などを表す特殊な記号を使って行う。アクティビティ図を作成する目的としては，以下の事柄が挙げられる。

・アルゴリズムのロジックを明確に示す。

・ユーザとシステムの間の業務フローを図示する。

・複雑な業務を明確化し，業務プロセスの簡素化を行う。

■**カンバセーション**：　ストーリーカードやアクティビティ図を見ただけでは，開発システムの利用シーンや詳細な処理の流れがわからないことも多い。そこで，システムの開発者が，自身が作成したストーリーカードやアクティビティ図について，他の開発メンバーや顧客とカンバセーション（会話）を行う。その際に，他のメンバーや顧客は，システム開発者に向けて以下のような内容の質問をする。

・そのシステムのどこが新しいのか？

・そのシステムはなんの役に立つのか？

・アクティビティ図に処理手順は明確に書かれているか？

・アクティビティ図に書かれた処理に見落しはないか？

・そのシステムは実際につくれるのか？

開発者がこれらの問いに答えることにより，開発者自身が自分のシステム設計の問題点を認識したり，その改善策を発想したりすることが，早い時点で可能となる。

(c)　**AI ツール・データ分析関連**

■**IBM Watson Assistant**：　チャットボットはユーザとコンピュータの自然言語による対話を可能にするアプリケーションである。IBM Watson Assistant（Watson Assistant）というツールを用いると，そのようなチャットボットを比較的簡単に作成することができる。Watson Assistant は，機械学習によりユーザの自然言語による発話を理解し，適切に応答するようになる。

Watson Assistant は，以下の三つの機能によりチャットボットの開発をサポートする。

・**ダイアログ**：　会話内容による条件分岐など会話の流れを定義できる。

・**インテント**：　会話文の意図を認識できる。

・**エンティティ**：　会話文の中の日時や数値などのキーワードを認識できる。

Watson Assistant による会話フロー作成の流れは，おおむね以下のとおりである。

・**会話シナリオの定義**：　どのような内容の会話の，どの部分を Watson Assistant の対象とするかといった概要を定義する。

・**会話フローの定義**：　Watson Assistant で実現しようとする会話の具体的内容や，会話の進め方の詳細を定義する。

・**意図の定義（インテント作成）**：　ユーザが入力するテキストが，なにを意図したものかを認識できるように機械学習させる。

・**キーワードの定義（エンティティ作成）**：　ユーザが入力するテキストに含まれる特定のキーワードが認識できるように機械学習させる。

・**会話フローの登録（ダイアログ作成）**：　Watson Assistant が実行可能な表現形式で会話の進め方を定義する。

■ **IBM Watson Discovery**：　Watson Discovery は，ビジネス・データを対象とした検索や分析などのエンタープライズサーチ（企業内検索）を行うシステムとして開発された。Watson Discovery は，この他，AI 検索にも利用できるツールである。データの中に埋もれた傾向や関係を分析し，ユーザの質問に対する精度の高い解答を生成する。Watson Discovery は，自然言語処理機能など，機械学習分野における最新の技術が用いられており，ユーザの分野の言語で機械学習を行わせることができる。Watson Discovery の主な機能としては，以下のものがある。

・**自然言語文検索**：　通常のキーワード検索に加え，自然言語文による検索も可能である。これにより，チャットボットなどによる自動応答の仕組みを支える AI システムとして活用することが可能である。

・**関連性学習**：　質問と回答の関連性を機械学習させることにより，特定の領域に特化した最適なランキングモデルに修正していくことが可能である。

・**Discovery クエリ**：　メタ情報を用いて，検索結果の集計を行うことができる。これにより，大量のニュース記事を時系列に見たときの傾向分析や異常検知を行うことが可能である。

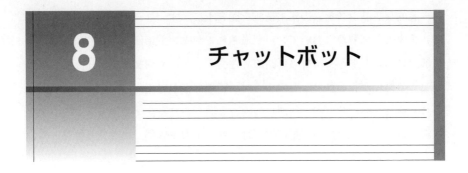

8

チャットボット

8.1 対 話 シ ス テ ム

　前章までの，EPISODE の枠組みに関する説明を踏まえ，本章では，その実践例として，チャットボット（対話システム）の構築に EPISODE を適用する方法について説明する。具体的には，IBM Watson Assistant という AI ツールを用いてチャットボットを構築する際の EPISODE の適用方法を紹介する。その際，この手法を用いて開発されたチャットボットの具体的もいくつか紹介する。

　最初に，**対話システム**について解説する。近年，人工知能技術への関心が高まっているが，なかでも，対話システムが注目を集めている。対話システムとは，人と自然言語で会話するシステムのことをいう。NTT ドコモのしゃべってコンシェル，Apple の Siri，Microsoft のりんな，Google の Google Assistant など，各社からさまざまな対話システムが提供されている。

　対話システムには，大きく分けてつぎの 2 種類がある。**タスク指向型対話システム**は，チケット予約などの特定のタスクの達成を目的としている。これに対し，**非タスク指向型対話システム**は，雑談風の対話をつづけることができる。後者のシステムの具体例としては，1966 年に MIT 教授 J. Weizenbaum が開発した **ELIZA**（イライザ）という対話システムが有名である。この ELIZA は，人の話の内容を理解していないので人工無脳とも呼ばれているが，これがチャットボットの原点であるといわれている。

一般的な対話システムの基本構成を**図8.1**に示す。ユーザ発話などの入力文は，まず入力理解部において音声認識されてテキストに変換され，つぎに言語理解部において形態素解析（単語の辞書引きなど）や構文解析（係り受け解析など）の処理が行われる。その後，対話管理部において入力文の意図理解が行われ，データベース（内部状態）の内容と照合される。そののち，どのような返答を返すかについての行動選択が行われ，出力生成部で出力文（返答）の音声合成がなされる。

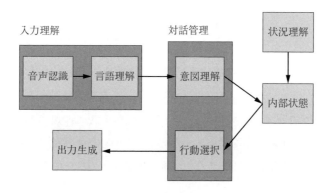

図8.1 対話システムの基本構成

さらに，ロボットなどの場合には自身が置かれている環境も考慮に入れなければならないので，状況理解部も必要となる。例えば，惑星探査ロボットに対して「100メートル前進せよ」という指令が地球からあった場合，ロボットが，50メートル先は断崖絶壁であると判断したときには，その指令を拒絶する必要がある。

ELIZAの場合は，上記の対話管理部が存在しないので，中身が空っぽという意味で，人工無脳と呼ばれているのである。

ELIZAとユーザの対話例を以下に示す。以下では，Uがユーザ（人間）を表し，Sはシステム（ELIZA）を表している。なお，ELIZAは英語による対話にしか対応していないので，まずは，英語による対話例（システムの実際の出力例）を示す。

U：He says I'm depressed much of the time.

S：I AM SORRY TO HEAR YOU ARE DEPRESSED

U：It's true. I am unhappy.

S：DO YOU THINK COMING HERE WILL HELP YOU NOT TO BE UNHAPPY

U：I need some help, that much seems certain.

S：WHAT WOULD IT MEAN TO YOU IF YOU GOT SOME HELP

上記の対話の対訳は以下のとおりである。

U：彼は，私がいつも意気消沈しているというのよ。

S：**意気消沈しているとはお気の毒です。**

U：本当なのよ。私は不幸なの。

S：**ここに来ることが，あなたを不幸でなくすることに役立つと思いますか？**

U：私は助けが必要なの。間違いないわ。

S：**助けが得られるということは，あなたにとってどういう意味がありますか？**

ELIZA は，精神分析医のインタビューという想定で，ユーザ（患者）と対話を行う。ユーザからのどのような話題に対しても，応答することができる（話に詰まらない）頑健なシステムである。ただし，ELIZA はユーザ発話中のキーワードに反応して応答するだけで，会話の内容は理解していない。キーワードがマッチしない場合には，TELL ME MORE（つづけなさい）と応答し，ユーザとの対話をつづけていく。

ELIZA は，あらかじめ多数のキーワードが登録されているデータベースを検索し，応答文を生成する。例えば，I を YOU に言い換えたり，depress に対して SORRY を返すことで，ユーザの言葉を引用して繰り返す。ただし，少し対話しただけでは，キーワード照合をしていることがユーザにわからないようにするために，同じキーワードでも，文脈に応じて，それに対応する応答文を変えている。

このような対話システムの評価法としては，チューリングテストが有名であ

る。評価者（人間）にテキストの入出力のみで対話をしてもらい，相手がコンピュータか人間かを見分けてもらう。対話だけからでは，人間と見分けがつかないシステムほど，優秀なシステムであると評価するのである。ただし，このテストには時間制限が設けられている。毎年，賞金を懸けてこのようなコンテストが開催されており，優勝者にはローブナー賞が授与されている。このコンテストで優勝した対話システムは公開されることが多い。

　現状の問題点としては，システムをベースとして，制限時間内には人と区別が付かない ELIZA のようなシステムを開発していくという研究の方向性で，真に人と自然な会話が行えるシステムが開発できるのだろうか，ということが指摘されている。システムが人の発言の意味や意図を本当の意味で正確に解釈するための技術が，将来的には開発されなければならないであろう。

8.2　チャットボットとは？

　チャットボット（chatbot）とは，主にモバイルデバイス上でのチャットに基づくインタフェースのことをいう。例えば，LINE，Facebook Messanger，SnapChat，Slack などを活用して提供されるサービスのことをいう。ユーザは人と会話するような感覚で情報収集を行うことができる。チャットボットの起源は前節で説明した ELIZA であるといわれている。

　世の中にチャットボットが広く知られるきっかけをつくったのは，2016 年 4 月にサンフランシスコで開催された F8 カンファレンスにおいてリリースされた Facebook Messenger を利用したチャットボット機能であった。現在では，Facebook Messenger ボットの他にも，LINE，Skype，Kik，Telegram などが同様のボットを発表しており，チャットボットへの注目度が高まっている。

　オンラインショッピングの事例における，チャットボットの対話例を以下に示す。

Ｓ：こんにちは。なにをお探しですか？

Ｕ：洋服。

Ｓ：どんな洋服をお探しでしょうか？

Ｕ：セーターが欲しいのですが。

Ｓ：ご予算はおいくらくらいでしょうか？

Ｕ：5000 円くらいで。

Ｓ：こちらはいかがでしょうか？

スマフォを使う人が増え，PC のような大きな画面でカタログを見ることができなくなったため，自然言語での対話により，システムから情報を得る必要性が高まった。自然言語による対話という操作は，習得が不要の操作法であり，万人にとって使いやすい。また，システムとの雑談ができると楽しいという側面もある。ただし，言葉による誘導だけで本当に一番ほしい品物に到達できるのか，という本質的な問題が潜んでいることも忘れてはならない。

8.2.1　種々のチャットボット

現在までに公開されたチャットボット系サービスには，以下に示すように，ニュース・情報関係，旅行案内関係，ショッピング関係などがある。また，人工知能技術を活用したバーチャルパーソナルアシスタント系のサービスも人気を集めている。

(1)　天気ボット：　天気について聞くと答える。

(2)　日用品ボット：　週ごとの日用品や食料品の注文を補助する。

(3)　ニュースボット：　興味分野のニュースがあると知らせてくれる。

(4)　スケジューリングボット：会議などの予定があるときに教えてくれる。

(5)　パーソナルアシスタントボット：　スケジュール管理やタスク管理などにおいて，ユーザの秘書役になる。

チャットボットを利用して得られる情報自体に，目新しいものがあるわけではない。チャットボット系のアプリで提供されるサービスは，既存のアプリでも利用可能なものである。しかし，一方で，モバイルユーザのデバイス利用に

費やす時間の 90% 近くにおいて，メールやメッセンジャー系のチャットインタフェースを実装したアプリが使用されているという統計がある。BI Intelligence の統計によると，2016 年には，メッセージ系のアプリ利用時間が SNS 系のアプリ利用時間を超えた。そのため，今後はメッセージ系アプリ内にサービスを展開することにより，より多くのユーザを獲得することが可能になると考えられる。

金城辰一朗氏は著書「チャットボット」の中で以下の点を指摘している（要約は筆者）。

> 「今後，Web マーケティングの指標が変わる可能性がある。これまでは，ページビュー（PV）やアプリのインストール数を稼ぐために，検索エンジン最適化（SEO）に注力してきた。しかし，チャットボットが Web の主流になると，複雑なアクセス解析は不要となり，顧客とのチャット回数，リピート率，購入率など，チャット内のわずかな指標のみで十分になる。」

8.2.2 高機能なチャットボットの実現に向けた AI の活用

IBM 社が推進する**コグニティブコンピューティング**（cognitive computing）では，コンピュータがあらゆる情報から学習し，自然な対話を通じて人の意思決定を支援する。コンピュータによる意思決定支援の具体例としては，レストランの料理のお薦め，有望な投資先の選定，医療診断への応用などがある。

そのような意思決定支援を受ける際に，ユーザはコンピュータをプログラミングする必要がない。その代わりに，コンピュータに意思決定の具体的な事例を提示して，学習させればよいのである。このようなコグニティブコンピューティングシステムの一つが IBM Watson である。

チャットボット実現のための AI の外部サービスとして，IBM Watson を使用することも可能である。具体的には，IBM Watson Assistant という API を使用すれば，ユーザの意図を理解することができるチャットボットを比較的短時間で実現可能である。IBM Watson Assistant を応用した，オンラインショッピング用チャットボットの実現例を以下に示す。

S：こんにちは。なにをお探しですか？

U：洋服。

S：どんな洋服をお探しでしょうか？

U：セーターがほしいのですが。

S：こちらはいかがでしょうか？

U：これだと小さいのですが。

S：一回り大きいサイズはこちらになります。

　この対話例の場合，最後にシステムに「一回り大きいサイズのセーター」を提示させるためには，通常であれば，ユーザは「もっと大きいサイズのセーターを見せて下さい」と陽に依頼をしなければならない。しかし，学習ずみのWatson Assistant は，「これだと小さいのですが」というユーザの発話から，ユーザの意図が，「もっと大きいサイズのセーターを見せてほしい」であるということを認識し，ユーザから陽に指定されなくとも，「一回り大きいサイズのセーター」を提示したのである。

　実際のところ，現状の対話システムは，まだまだ人間には程遠い。理論的には，会話には無限の可能性があるが，人間の発話は有限なので，大規模データによる機械学習でシステムを人間に近づけていくことは難しいと考えられる。将来，もし人間並みに自然な対話を行えるシステムが実現できれば，その波及効果は大きく，人間と機械の協働の有り様を大きく変えることだろう。

8.3　IBM Watson Assistant

　IBM Watson Assistant（以下，Watson Assistant あるいは **WA**）とは，ネットショッピングなどのアプリケーションをサポートするチャットボットを比較的簡単に開発できるツールである。以下では，WA の機能を簡単に説明した後に，デザイン思考の手法を用いて WA でチャットボットを実現する方法について解説する。

8.3.1 WA の 機 能

WA では，すでに述べたとおり三つの機能を利用してチャットボットを開発する。以下に，備忘のため再掲する。

(1) **ダイアログ**： 会話の流れによる条件分岐や会話の流れを定義できる。

(2) **インテント**： 会話文の意図や目的を認識できる。

(3) **エンティティ**： 会話文中のキーワード（日時，数値，固有名詞など）を認識できる。

WA を用いた対話システムの具体例として，ホテルの宿泊予約システムの事例を**図8.2**に示す。このシステムにおいては，例えば，以下のような処理が行われる。

1) ユーザが電話で「部屋を予約したいのですが」と発話したとする。

2) 「宿泊予約システム」がWA を呼び出す。

3) **インテント** による意図解析が行われ，「部屋を予約したいのですが」という発話の意図は，「宿泊の予約の依頼」であると判断する。

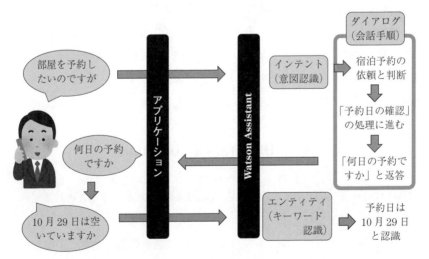

インテント・エンティティ・ダイアログによりアプリとユーザの会話を支援

図8.2 Watson Assistant によるホテルの宿泊予約システム

4) 「宿泊の予約の依頼」であることを認識したら，ダイアログで事前に定義されている会話手順に従って，予約日の確認に進み，「何日の予約ですか？」と返答するように宿泊予約システムに指示する。

5) 宿泊予約システムが「何日の予約ですか？」とユーザに聞き返す。

6) ユーザが「10月29日は空いていますか？」と発話したとする。

7) WAのエンティティによるキーワード認識が行われ，宿泊日が「10月29日」であると判断される（以下，ダイアログにおいて事前に定義されている処理がつづいていく）。

このように，WAではインテント，ダイアログ，エンティティの機能を用いて，宿泊予約システムのようなアプリとユーザとの間の自然言語による会話を支援する。

8.3.2 WAによる会話フローの作成の流れ

これまで説明したような会話フローをWAで作成する際の作業の流れを，**図8.3**に示す。それぞれの作業内容は以下のとおりである。なお，以下の〔1〕，〔2〕，〔5〕に記載の作業においては，本書独自の提案としてデザイン思考やアジャイル開発の手法を適用している。

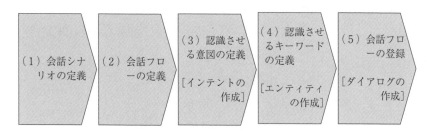

図8.3 Watson Assistant による開発の流れ

〔1〕 **会話シナリオの定義** 実現する対話システムでどのような会話を取り扱い，またどの範囲をWAの処理対象とするかについて，その概要を検討する。この作業は会話フローの概要設計に相当するが，デザイン思考における企画書の作成に対応する作業である。

〔2〕 **会話フローの定義**　　WA の支援で実現しようとする会話の進め方の詳細化に対応する作業である。この作業は会話フローの詳細設計に相当するが，アジャイル開発におけるストーリーカードの作成に対応する作業である。

〔3〕 **会話中で認識させる意図の定義（インテントの作成）**　　ユーザが入力する発話文（テキスト）に，どのような意図や話題が含まれているかを推測し，ユーザの意図を認識できるように WA に学習させる（ただし，ユーザがそのための学習データを用意する必要がある）。

　会話を進めるための条件分岐について考えてみよう。インテントは，発話文に含まれる特定の意図を認識するための機能である。どのような発話文がどのような「意図」を表すのかは，ユーザが用意した例文を用いて学習させる（IBM のサーバ内で，ディープラーニングが行われている）。その意味で，ユーザは WA の教師役を務めることになる。

　WA では，発話文に含まれる意図を認識して，会話の条件分岐に利用する。その場合，インテント による条件分岐の判断は，通常のキーワードマッチングによる判断と同じものではない。学習時にユーザが与えた例文から，意図を指す言葉はなにか，あるいはどういった言葉の組合せなのかという特徴を認識することにより，キーワードマッチよりも柔軟に似たような文を理解することができるようになる。そのような，似たような文の具体例を以下に示す。

〔例1〕　ホテルへの電話：　意図が「宿泊の予約」である場合の例文

　　　　・宿泊を予約したいのですが。

　　　　・部屋の予約をお願いします。

　　　　・明日ですけど空いていますか？

　　　　・大人2名で予約をお願いします。

　　　　・部屋の予約できますか？

〔例2〕　寿司の注文：　意図が「出前の依頼」である場合の例文

　　　　・出前をお願いしたいのですが。

　　　　・配達をお願いします。

　　　　・お寿司をもって来て下さい。

・注文をお願いします。

・お寿司を注文したい。

〔**4**〕 **会話中で認識させるキーワードの定義（エンティティの作成）** ユーザが入力するテキストにどのようなキーワードが含まれると想定するかを決定し，入力テキストに含まれるキーワードが認識できるように WA に学習させる（学習データを用意する）。

エンティティとは，発話文に含まれる特定のキーワードを認識する機能である。発話文中で認識させたい用語や固有名詞などのキーワードを学習させることで，発話文に含まれているそれらのキーワードを認識し，会話の条件分岐に利用することができる。同意語・同義語も学習させることができるので，言葉のゆらぎにも対応することができる。

エンティティの機能により，言葉（単語や単語の集まり）を，似たような意味をもつもののグループに分類することができる。同じグループに属する言葉の具体例を以下に示す。

〔例1〕 エンティティ名： シングルルーム

このグループに属する言葉の例は以下のとおり。

・シングル

・1人部屋

・1人で

〔例2〕 エンティティ名： Sサイズ

このグループに属する言葉の例は以下のとおり。

・スモールサイズ

・エス

・小さいやつ

〔**5**〕 **会話フローの登録（ダイアログの作成）** WA が実行可能な表現形式で会話の進め方の手順（フロー）を定義する。ダイアログを作成するためには，アジャイル開発におけるアクティビティ図が利用できる。

会話フローとは詳細化した会話シナリオであり，「条件分岐」,「アクション」

と「順序」によって表現される。

図8.4の会話シナリオでは，会話開始後に，まず「宿泊の予約」を意図した
電話だと認識した場合には，宿泊の予約（条件分岐）→ 日時の確認（アク
ション）→ 人数確認（アクション），の「順序」に従って処理が進んでいくこ
とを表している。

会話シナリオ（大まかな会話の流れ）

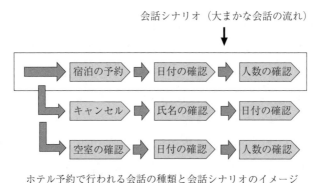

ホテル予約で行われる会話の種類と会話シナリオのイメージ

図8.4 会話シナリオ

ダイアログとは，会話フローを定義し実行するための機能である。アクティ
ビティ図などで設計した「もし〜ならば〜する」という形式の会話フローを
「ノード」として定義し，ノードをつなげていくことで，会話の流れを表現す
る。

上記のように，WA は特定の目的をもったタスク指向の対話のみを対象とす
る。例えば，ネットショッピング，宿泊予約などにおける注文受付や，各種問
合せ，契約更新などの顧客サポートなどが主な対象である。一方，WA は雑談
的な対話は対象としていない。WA はダイアログで記述されたシナリオに従っ
て対話を行うため，会話フローとして定義できない雑談は実現が難しいためで
ある。

8.4　実 装 事 例

8.4.1　簡易問診による受診先病院の判定

　最初に，医療サービスの予約と情報管理をサポートするチャットボットの実装事例を紹介する（図8.5参照）。COVID-19の流行により，人との接触機会を極力減らす必要がある中で，オンライン診察や薬の宅配サービスなどのさまざまな取組みが始まっている。医療のオンライン化にあたっては，医療サービスの検索や予約，情報管理ができるアプリがあると便利である。そこで，WAを利用した，このような機能をもつチャットボットの開発事例を紹介する。

　このチャットボットは，医療サービスの予約と情報管理のためのアプリとして，検索（簡易問診・空き状況など），処方箋管理（電子データ・薬局），履歴管理（病歴・薬使用），紹介状管理（電子データ・病院），予約・管理（医療サービス全般），ガイダンス（医師指示，薬服用方法）などの機能を備えている。

　検索機能の利用シーンとしては，例えば，ユーザの体調が悪いとき，チャットボットにその様子を伝えると，どのような病気が考えられるかを判定する。その際，ユーザの初期症状から，どのような医療機関を受診したらよいかを案内する。また，COVID-19のような新しい感染症が流行した場合や，一般には聞いたことのない病気の場合であっても，言葉による表現内容を理解し，病名を判定することができる。

　会話による新型コロナウイルス感染症の判定例は以下のとおりである。

　S：症状をお聞かせください

　U：熱っぽい

　S：熱はどのくらいありそうですか？

　U：少し高いくらいかな

　S：匂いや味は感じますか？

　U：味が薄く感じる

S：新型コロナかもしれません。専門医に受診しましょう。

本チャットボットには，以下のような課題がある。与えられた初期症状から「新型コロナウイルス感染症」，「インフルエンザ」，「風邪」のどれであるかを判定する対話機能が試験的に実装されたが，医療情報との連携部分については，クラウドサービス上のデータベースやその検索機能を用いる必要がある。そのようなシステムと Watson との連携技術の開発は今後の課題である。また，本チャットボットの利用にあたっては，医療機関との連携が不可欠であり，医療サービスのデジタル化に注力している医療グループ（病院やクリニック，薬局などを系列にもつグループ）に対して提案などを行っていく必要がある。

「簡易問診による受診先病院の判定ボット」の広告，企画書，ストーリーカード，アクティビティ図を**図 8.5～図 8.8**に示す。このチャットボットの仕様や設計を理解するには，最初に広告を見てシステムの特徴やメリットを概観してから，つぎに企画書を読み，本システムの背景・目的・機能を把握すれば

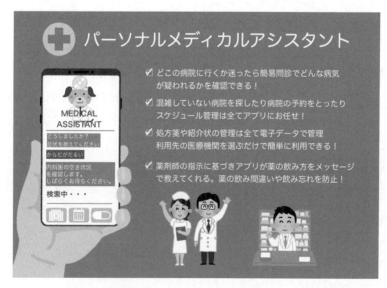

図 8.5　簡易問診による受診先病院の判定ボット（広告）

よい。さらに，ストーリーカードを読んでシステムの概要設計を把握し，最後にアクティビティ図を見ることで，このチャットボットの詳細設計を理解することができる。

（a） IBM Watson Assistant を使った

簡易問診による受診先病院の判定

「医療サービスの予約と情報管理のアプリ」の
対話インタフェースの試験的実装

（b） **開 発 目 的**

・COVID-19 の流行によって，人との接触機会を極力減らす必要がある中で，オンライン診察や薬の宅配サービスなどのさまざまな取組みが始まっている。
・医療のオンライン化にあたっては，医療サービスの検索や予約，情報管理ができるアプリがあると便利である。
・Watson を利用した使いやすい対話型インタフェースを開発する。

（c） **医療サービスの予約と情報管理のアプリ**

検 索 （簡易問診・空き状況など）	処方箋管理 （電子データ・薬局）	履 歴 管 理 （病歴・薬使用）
紹介状管理 （電子データ・病院）	予約・管理 （医療サービス全般）	ガイダンス （医師指示，薬服用方法）

図8.6 簡易問診による受診先病院の判定ボット（企画書）

（d） 利用シーン（検索機能）

- ・ユーザは，体の調子が悪いとき，アプリにその様子を伝えると，アプリはどのような病気が考えられるかを判定する。
- ・ユーザに対して，初期症状からどのような医療機関を受診したらよいかを案内できる。
- ・COVID-19 のような新しい感染症が流行した場合や，一般には聞いたことのない病気でも，言葉の表現をうまくくみ取り，判定できることを目指す。

（e） 会話による判定例

（f） システムの全体構成（1）

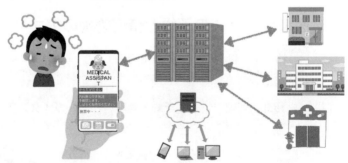

図8.6　簡易問診による受診先病院の判定ボット（企画書）（つづき）

（g） システムの全体構成(2)

- お年寄り向けには，デジタル機器に不慣れな人でも扱いやすい工夫が必要である。
- タブレット端末の画面インタフェースの工夫や音声対話の実装を行うことが候補の一つである。
- その他に，インターネット TV とスマートスピーカー，Watson を組み合わせたインターフェスであれば，一定の大きさと情報量の文字表示と，音声による入出力（対話）が可能であると考えられる。

（h） システムの実装範囲

- **実 装 範 囲**：
  簡易問診による受診先病院判定に関わる実装の有効性を確認するため，IBM Watson Assistant を用いた予備調査を行う。
- 与えられた初期症状から「新型コロナウィルス感染症」，「インフルエンザ」，「風邪」のいずれかを判定する対話機能を試験的に実装する。
- 医療情報との連携部分については，クラウドサービス上のデータベースやその検索機能を用いることが考えられるが，Watson との連携技術については今後の検討とする。
- 本サービスは，医療機関の協力が不可欠であり，予備調査と並行して，医療サービスのデジタル化に注力している医療グループ（病院やクリニック，薬局などを系列にもつ）に対して提案などのアプローチを行う必要がある。

図8.6 簡易問診による受診先病院の判定ボット（企画書）（つづき）

8.4.2 カフェ店員お助けボット

つぎに，カフェで働く店員をサポートするチャットボットの実装事例を紹介する。カフェ店員は，食事の提供やお会計以外のことで呼ばれることも多いが，人員不足でなかなか手が回らない。また，客からは「料理はまだ？」，「髪の毛が入ってたんだけど」などの問合せやクレームも寄せられる。一般に，客は店員に声をかけたくても，忙しそうだと躊躇しがちである。そこで，客が気

（a）

No. 1	作成日 2020/11/28	カテゴリー 医療サービスの予約 と情報管理のアプリ

ストーリー名称

　アプリに症状を伝えると自分が行くべき医療機関の判定ができる。

ストーリー詳細

・アプリは，入力された症状に応じて望ましい受診先を探してくれる。
・アプリに症状を伝えると，医療機関を判定して提示してくれる。
・1 回のやり取りで判定ができない場合には，アプリが追加の症状の質問をして絞り込みをする。
・例えば，「匂いがしない」と伝えると，アプリは，「発熱や，味覚に症状はありますか？」と聞き返し，「熱っぽい」と返すと，アプリは症状に応じた医療機関を判定し，その結果から，この例の場合には，風邪の症状に対応し，CPR 検査の要否を判断してくれる　かかりつけの内科や，最寄りの内科をリスト表示してくれる。
・リスト表示する上では新型コロナウィルス対応のために，アプリは各医療機関の混雑状況をチェックし，その情報を添えてソート表示を行う。

（b）

No. 2	作成日 2020/11/28	カテゴリー 医療サービスの予約 と情報管理のアプリ

ストーリー名称

　薬剤師からもらった薬の正しい飲み方を教えてくれる。

ストーリー詳細

・特に服用する薬の量が多い人，ご年配の方や，さまざまな医療機関にかかっている人に役立つ機能。薬の分量や服用する順番が時間帯によって変わる人向け。薬剤師から指導があった服用のタイミングに合わせて，アプリが薬の時間を通知。ユーザが服用すべき薬の種類を思い出せ ないとき，アプリに質問する。薬剤師の服用指導をもとにアプリが答えてくれる。
・例えば 「これから飲む薬はなんだっけ？」と尋ねると，アプリは「○○の錠剤を3粒，水で飲んでくださいと答える」
・もし，誤った時間に尋ねた場合にはアプリが「つぎに飲む薬は，夕食後ですよ」と答え，服用の正しいタイミングを知らせた上で，夕食後の処方について 説明する。
・ユーザの利便性を考え，将来的には音声対話の実装を目指す。

図 8.7　簡易問診による受診先病院の判定ボット（ストーリーカード）

（c）

No. 3	作成日 2020/11/28	カテゴリー 医療サービスの予約 と情報管理のアプリ

ストーリー名称

　　服用中の薬がなくなるタイミングでの病院の予約

ストーリー詳細

・医療機関から処方された薬がなくなった場合に，症状に応じて再度病院で診察を受け，薬の処方を受ける必要がある。アプリは履歴から薬の使用状況を管理し，なくなるタイミングでユーザに症状に関する問合せをし，必要に応じて病院の予約をとる。

・例えば，後１日で風邪薬がなくなるタイミングとなったとき，アプリはユーザに「症状はよくなりましたか？」と尋ね，ユーザが「熱は下がったけど，喉の痛みが治まらない」と答えると，アプリは「もうすぐ薬がなくなりますので，病院へ行きましょう」と答え，病院の予約画面を表示する。

図 8.7　簡易問診による受診先病院の判定ボット（ストーリーカード）（つづき）

軽に困ったことを話しかけられるチャットボットを開発し，店員がメインの業務（会計・提供など）に集中できるようにすることを考えたい。

　本チャットボットの主な機能は，以下のとおりである。

（1）　注文を受け付ける機能

（2）　頼んだメニューが提供されるまでの時間を教えてくれる機能

（3）　クレーム対応機能

　例えば，「注文を受け付ける機能」においては，「注文したいです」と客がチャットボットに話しかけると，「かしこまりました！ テーブル番号とご注文を伺ってもよろしいでしょうか？」と返答する。さらに，客からの注文を受けると，厨房に「テーブル番号１番パスタを一品お願いします」などと連絡する。

　一方，「頼んだメニューが提供されるまでの時間を教えてくれる機能」では，「ピザ遅いなあ」などとシステムに語りかけると，「お待たせしております。テーブル番号とご注文内容をお聞きしてもよろしいでしょうか？ お出しするまでの時間をお伝えします。」と客に話しかける。また，客が「パスタいくら待ってもこないんだけど」と話せば，「お待たせしております。あと○○分で

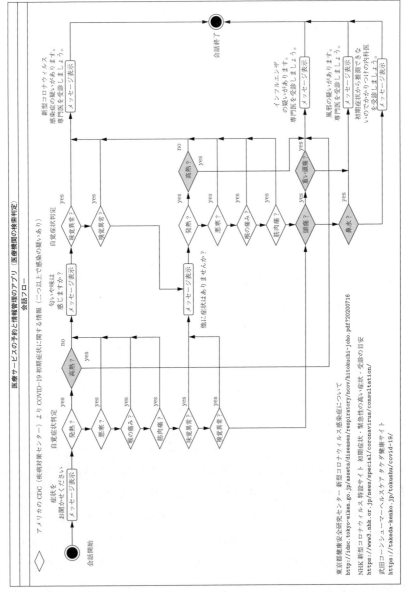

図 8.8　簡易問診による受診先病院の判定ボット（アクティビティ図）

東京都健康安全研究センター 新型コロナウイルス感染症について
http://idsc.tokyo-eiken.go.jp/diseases/respiratory/ncov/hitokuchi-joho.pdf?20200716
NHK 新型コロナウイルス 特設サイト 初期症状・緊急性の高い症状・受診の目安
https://www3.nhk.or.jp/news/special/coronavirus/consultation/
武田コーンシューマーヘルスケア タケダ健康サイト
https://takeda-kenko.jp/tokushu/covid-19/

提供できます」と回答する。

　クレーム対応機能においては，「髪の毛が入ってたんだけど」と客からのクレームがあると，「申し訳ございません。新しいものをすぐおつくりします」と返答する。

　カフェ店員お助けボットの広告，企画書，ストーリーカード，アクティビティ図を**図8.9〜図8.12**に示す。このチャットボットの内容を理解するには，

カフェ店員お助けボット

ファミレスのお客さん，店員さんのお役に立ちます！
お客様からの注文を受け付け，頼んだ料理が提供されるまでの時間をお知らせいたします。お客様からの種々のクレームにも対応いたします。店員の代わりに気軽に話しかけていただけますので，忙しい店員の業務をサポートすることができます。

新リリース！　月額10万円〜

図8.9　カフェ店員お助けボット（広告）

（a）企　画　書
「カフェ店員お助けボット」

図8.10　カフェ店員お助けボット（企画書）

（b）　**背　　景**　我慢強い日本人でも待てない時間がある

　　　　　　　　・エレベータの待ち時間
　　　　　⇨　　・出前の配達時間
　　　　　　　　・レストランでの料理が提供されるまでの時間

　　　どのくらいでエレベータが来る/注文が届くのかわかる

（c）　**現状分析**　レストランにおいて許容される待ち時間

　「ファストフード店で 15 分ぐらい待っても来なかったら
　　　少し気になる」

　「20 分待っても提供されなかったら少し待たせ過ぎでは…。
　　　敷居が高そうなお店ならともかく、ファミレスなら催促します」

　「せっかちだからどんなお店でも 15 分以上は我慢できない」

　⇨　30 分で店員に催促する人がほとんど
　　　　　子供連れなら 10 分以内で提供してほしいという声も

（d）　**問題定義・目的**

レストランで待ち時間が長い
　→　クレームの原因に
　→　キャンセルするお客さんも　　　　売上げの
　→　追加注文も減り，リピータ客も失う　　　大幅な減少

　　　現行の対策：
　　　調理時間が長い場合/注文が混み合っている場合は
　　　あらかじめ待ち時間を伝える

　Chatbot によって待ち時間を明示することで解決

　　　図 8.10　カフェ店員お助けボット（企画書）（つづき）

(e) 　**具体的な企画内容①**

客「パスタを注文したんだけどまだですか？」
店員「確認するので少々お待ちください…」
（店員は調理場の人に後どのくらいでできるか確認）

客「パスタを注文したんだけどまだですか？」
チャットボット「提供まで後○分です」

(f) 　**具体的な企画内容②**

想定される利用者：
　　ファミレスに来るお客さん
　　　　＆ファミレス店員

（ホスピタリティが重視される高級店は除く）

(g) 　**主な機能**

① 各メニューの提供までの時間を保持しておく。

> パスタ：20 分
> コーヒー：3 分
> ピザ：25 分

② 注文が入った時点の時刻を記録し，提供できる時間を計算（調理場の人はつくり始めたらボタンを押す）。

> パスタの場合
> 注文を受けた時刻：12：00
> 提供できる時刻：12：20

③ お客さんから「○○注文したんだけどまだですか？」と聞かれたら現在時刻から後何分で提供できるか答える。

> パスタの場合
> 現在時刻：12：10
> 「あと 10 分で提供できます」

図 8.10 カフェ店員お助けボット（企画書）（つづき）

（h）**システム構成①** ～待ち時間の計算～

（i）**システム構成②** ～待ち時間の通知～

（j）**類似製品**

レストランにおける AI 製品との対話
✓外国人客に対するメニュー翻訳ロボット
✓顔認証でいつも注文しているメニューを自動的に
　注文してくれるロボット

待ち時間を通知
✓Uber eats
✓Grab（東南アジア発の配車サービス）

実現可能性

✓本授業では仮想的なレストランを想定し実装予定
✓メニューと各メニューの完成時間がわかればよい
　だけなので共通システムも実装可能！

図8.10　カフェ店員お助けボット（企画書）（つづき）

広告を見てシステムの特徴やメリットを把握してから，企画書を読んでその背景・目的・機能を理解する。つぎに，ストーリーカードを読んでシステムの概要設計を，アクティビティ図を読んでシステムの詳細設計をそれぞれ理解すれ

（a）

No. 1	作成日 2020/07/11	カテゴリー ファミレスにおける 店員補助アプリ

ストーリー名称

　注文したメニューの提供までの時間を教えてくれる。

ストーリー詳細

　会話例①
　お客さん「パスタを頼んだのですが，まだですか？」
　bot「あと 10 分で提供できます」

　会話例②
　お客さん「パスタの注文入っていますか？」
　Bot「ただいま，おつくりしています」

〔注〕　厨房では調理開始時にボタンを押す。材料を入れている冷蔵庫にセンサなど付けて，調理の開始を検出できるとさらによい。

（b）

No. 2	作成日 2020/07/11	カテゴリー ファミレスにおける 店員補助アプリ

ストーリー名称

　店員に代わってメニューの変更を受けてくれる。

ストーリー詳細

　会話例
　お客さん「パスタをまだつくっていないなら変更したいです」

（ⅰ）　作成中の場合
bot「申し訳ありません。ただいま作成中で変更ができません。あと 10 分でお出ししますね」

（ⅱ）　まだつくっていないとき
bot「かしこまりました。変更を受け付けます。どちらのメニューに変更しますか？」

図 8.11　カフェ店員お助けボット（ストーリーカード）

(c)

No.	作成日	カテゴリー
3	2020/07/11	ファミレスにおける店員補助アプリ

ストーリー名称

　　店員に代わってクレームを受けてくれる。

ストーリー詳細

　　会話例① 　お客さん「あっちのテーブルのほうが早いぞ」
　　bot「申し訳ありません。ただいまおつくりしています」

　　会話例② 　お客さん「髪の毛が入っていたのですが」
　　Bot「申し訳ありません。新しいものをすぐお出しします」

　　会話例③ 　お客さん「違うメニューが届いたのですが」
　　Bot「申し訳ありません。ご注文いただいているのは○○で合っていますでしょうか。すぐご用意します」

　　→ どの場合も必ず店長に連絡

図 8.11 カフェ店員お助けボット（ストーリーカード）（つづき）

ばよい。

■■■ ま と め ■■■

(1) **対話システム**

・対話システムには，つぎの 2 種類がある。タスク指向型対話システムは，特定のタスクの達成を目的とする。一方，非タスク指向型対話システムは，雑談的に対話をつづける。

・後者のシステムの具体例としては，1966 年に MIT 教授 J. Weizenbaum が開発した ELIZA（イライザ）という対話システムが有名。この ELIZA が人工無脳（チャットボット）の原点といえる。

(2) **種々のチャットボット**：　これまでに公開されたチャットボット系サービスには，以下のようなものがある。

　(a) 天気ボット：　天気について聞くと答える。

　(b) 日用品ボット：　週ごとの日用品や食料品の注文を補助する。

　(c) ニュースボット：　興味分野のニュースがあると知らせてくれる。

　(d) スケジューリングボット：会議などの予定があるときに教えてくれる。

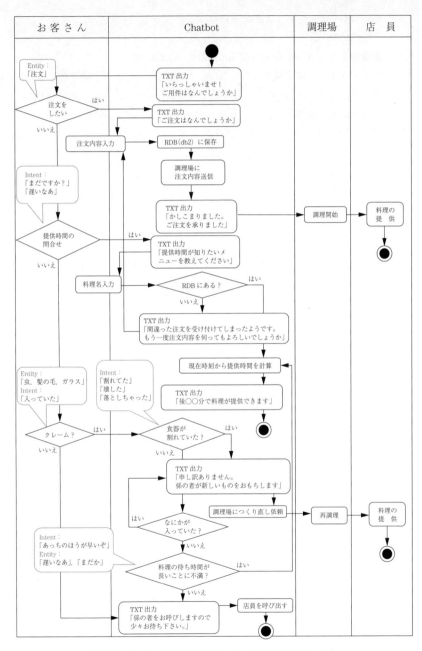

図 8.12　カフェ店員お助けボット（アクティビティ図）

(e) パーソナルアシスタントボット： スケジュール管理やタスク管理などにおいて，ユーザの秘書役になる。

(3) **高機能なチャットボットの実現に向けた AI の活用**

・チャットボットの実現に有効な AI などの外部サービスが多数存在している。例えば，IBM Watson の利用も有効である。Watson Assistant を利用すれば，ユーザの意図が理解可能なチャットボットを短時間で実現可能である。

・IBM 社が推進するコグニティブコンピューティング（cognitive computing）では，コンピュータがあらゆる情報から学習し，自然な対話を通じて，人の意思決定を支援する。

(4) **IBM Watson Assistant**

・IBM Watson Assistant（Watson Assistant，WA）とは，ネットショッピングなどのアプリケーションをサポートするチャットボット（AI アシスタントともいう）を容易に開発できるフレームワークである。

・WA では，以下の三つの機能を利用してチャットボットを開発する。

(a) ダイアログ： 会話の流れによる条件分岐や会話の流れを定義できる。

(b) インテント： 会話文の意図や目的を認識できる。

(c) エンティティ： 会話文中のキーワード（日時，数値，固有名詞など）を認識できる。

9 EPISODEの応用

9.1 EPISODEのまとめ

9.1.1 EPISODEの枠組み

　本書のこれまでの部分で説明してきたとおり，EPISODEは，独創的なシステムを少人数（1人の場合も含む）で開発するための方法論として提案された開発手法である。この場合，開発されるシステムはソフトウェアにかぎらない。およそ，システム（相互に影響を及ぼし合う要素から構成される仕組み）と呼べるものの開発には，ほとんどの場合において，EPISODEの手法を応用することができると考えている。

　本章では，EPISODEを応用したいろいろな著作物の作成法を紹介するが，その前に，EPISODEの枠組みについて整理して述べておく。EPISODEは，電気通信大学大学院で筆者が長年，試行錯誤で教育を行いながらまとめてきたシステム開発手法である。7章でも述べたが，EPISODEでは7章の図7.1にあるような，「企画→設計→実装→評価」という作業のループを通してシステム開発を行っていく。

　例えば，図7.1はEPISODEの開発作業のループを，2周回した場合の様子を図示している。図（a）が1周目の，図（b）が2周目のループの作業内容を，それぞれ表している。例えば，図（a）の1周目の企画段階では，ブレインストーミングを行い，企画書を作成する。つづく設計段階では，開発するシステムのストーリーカードやアクティビティ図を作成する。その後，実装（広告作

成），評価（データ分析）を経て，2周目のループに入ると，企画段階では，データ分析の結果を踏まえて再度ブレインストーミングを行い，企画書を修正する。つづく設計段階では，今度は開発システムの仕様書を作成する。その後，Watson や Python などのシステム開発ツールやプログラミング言語を用いてシステムを実装し，最後に発表会を行って第三者の評価を受ける。

　以前にも述べたように，「企画→設計→実装→評価」という作業の流れは「アジャイル開発」を参考にしたものだが，ここで注目すべきことは，企画段階ではいろいろな発想が生まれてアイディアが「発散」するが，設計段階では開発するシステムの基本構造を確定させ，一度アイディアを「収束」させるという点である。さらに，そのつぎの実装段階では，実装の困難さに対応するために再びアイディアが発散するが，最後の評価の段階で完成したシステムが当初の仕様を満たしているかを確認することで，最終的にアイディアを収束させるのである。このように

　　　　企画（発散）→設計（収束）→実装（発散）→評価（収束）

という形でアイディアの発散と収束を繰り返すことにより，独創的なアイディアを創出していこうというのが「デザイン思考」の基本的な考え方である。以前にも述べたように，EPISODE は，アジャイル開発とデザイン思考の考え方を融合したシステム開発手法なのである。まとめると，EPISODE は，アイディアの発散と収束を繰り返しながら，独創的なシステムを徐々に組み上げていく開発手法なのである。

9.1.2　EPISODE の特徴

EPISODE の特徴としては，以下の事柄が挙げられる。

(1)　開発者自身で独創的なシステムの「アイディア出し」が行える枠組みとなっている。

　　従来のソフトウェア工学では，企画は顧客からもち込まれることが想定されており，ソフトウェアの開発作業は，その企画に関する要求定義から始まる。そのため，「開発すべきソフトウェアの新規アイディアを創

出する」ための手法については，あまり考慮されてこなかった。そこで，EPISODE では，デザイン思考などの手法を用いて既存のソフトウェアにはない新規のソフトウェアのアイディアを創出し，それをもとに企画書，ストーリーカード，広告などを作成することを通じて，独創的なソフトウェアの開発を行う枠組みになっている。

(2)　開発者自身が開発するシステムの企画を立てることを前提としているので，ユーザストーリーの作成をシステム設計の中核に据えており，ユーザ中心（「人間中心」）のシステム開発手法であるといえる。

　　つまり，EPISODE は「技術中心」の開発手法ではなく，ユーザの要望を中心に考える開発手法である。ユーザは自分自身がつくりたいものをつくることもできるため，開発者とユーザの距離も近くなる。そのようなシステム開発においては，ユーザの利用シーンの「エピソード」を最初に考えることになることが，EPISODE という名前の由来になっている。

(3)　初学者であっても，しっかりと「企画や設計」を行ってから，システムの実装に取り掛かれる枠組みである。

　　初学者の学生は，システム開発において，いきなりコーディング（プログラミング）を始めてしまう傾向がある。システム開発においては，まず企画や設計をしっかり行い，最終的なテストの方法なども最初に検討してから開発していかなければならない。システム開発の途中で，実装が難しいからといってシステムの仕様を変更してしまうと，システムの設計が曖昧なものとなり，作業の手戻りも多くなるし，また最終的にでき上がるシステムも不完全なものとなりやすい（誤動作を招く原因ともなる）。そのため，初学者の読者には，是非とも EPISODE の手法を習得してもらい，開発するシステムの企画や設計をしっかり行ってから実装に進む習慣を身に付けてほしい。そのことが本書の重要な目的の一つでもある。

(4)　システム実装にあたっては，プログラミングができない読者や，開発時間が十分にとれない読者もいることから，IBM Watson のような「AI

ツールを使用した開発」にも適用できる枠組みとなっている（8章で事
例を紹介した）。

(5) 開発プロセス中の「評価」の際に，データ分析なども行い，作成した
システムを「客観的に評価」することもできる枠組みとなっている。

9.1.3 EPISODE によるシステム開発

EPISODE では，アジャイル開発における「エクストリームプログラミング
（XP）」の開発の流れを参考にしている。そのため本書では，6章までで，通常
の「ソフトウェア工学」と，「アジャイル開発」の基本概念について概観した。
EPISODE を深く理解するためには，これらの概念を習得しておくことが有益
だからである。

毎年，本テキストの内容に関する授業を 40〜50 名の大学院生が受講してい
るので，授業時には複数人のグループによって「ブレインストーミング」や
「カンバセーション」などが行えるが，本書で述べた内容は，主に，「1 人で行
うシステム開発」を想定したものになっている。

EPISODE によるシステム開発において，開発者が作成するドキュメントは
以下のものである。

・**企画書**

・**ストーリーカード**

・**広 告**

・**アクティビティ図**

・**タスク分割カード**

これらのドキュメントをもとに，IBM Watson などのツールを使ってコグニティ
ブコンピューティングの考え方を実践し，企画・設計したチャットボットが開
発しやすくなることは前章で述べた。

ストーリーカードやタスク分割カードのようなインデックスカードを用いた
モデリングは，XP においても採用されていた。しかし，XP ではインデック
スカードはあくまで過渡的な資料として取り扱っている。XP で最終的に維持

する資料はプログラムコードであり，プログラミングに入ればカードは捨て

コーヒーブレイク

アイディアのつくり方

EPISODE によるシステム開発において難しいのは，企画書作成の部分だろう。ユーザは自身で開発システムのアイディア出しをしなければならない。そのような場合にたいへん参考になるのが，「アイディアのつくり方」（ジェームス W. ヤング著，1975 年）という本である。

ヤングによると，アイディアというものは，自動車をベルトコンベア上の流れ作業で組み立てるように，以下のような手順で，必ず創り出せるのだという。

ステップ 1)　資料を集める。

ステップ 2)　心の中で資料を消化する。

ステップ 3)　（孵化段階）意識下で新たな組合せを創造する。

ステップ 4)　（ひらめきの瞬間）アイディアが誕生する。

ステップ 5)　アイディアを具体化する。

上記の手順でアイディアは必ず創り出せるが，一方で，誰にでもアイディアが出せるわけではないという。その理由は，上記のステップ 1)とステップ 2)の作業は広範に徹底的に行う必要があるのだが，膨大な労力を投入しなければならないため，たいていの人は，この二つのステップを十分に行わないので，結果として革新的なアイディアが出せないというのだ。

まず，ステップ 1)の資料の収集では，通常では考えられないほど広範な分野の資料を集める必要がある。そのような膨大な資料を，ステップ 2)において自身の頭の中で咀嚼し，心の中の知識の引出しの中に収めていかなければならない。そのようにして，雑学王のように，知識の引出しが豊富になったところで，ステップ 3)に進む。

ステップ 3)では，心の中の引出しからいろいろな知識が取り出され，思いがけない組合せが生成されるのを待つことになる。アイディアが醸成されるのをゆっくり待つのである。そして，十分な醸成時間が経過すると，ある日，ステップ 4)に至り，革新的なアイディアがひらめくというのだ。ただし，ひらめいたアイディアは非常に粗削りなものが多いので，実際の問題に当てはめるためには，種々の調整（ステップ 5)）が必要になるのだという。

つまり，よいアイディアが出せないとしたら，その理由は，才能がないからではなく，努力が足りないからということになるのだ。

る。しかし，EPISODE では，インデックスカードは捨てずに，ソフトウェアに付随したドキュメントとして扱い，開発したソフトウェアの概要を知るための資料の一部として活用する。

すなわち，実装したシステムとともに上記のドキュメントも公開し，実装したシステムを他者に対してわかりやすく提示するのである。ユーザは，最初にシステムの広告を見る。そして，興味があれば，つづいて企画書，ストーリーカード，アクティビティ図と読み進んでいくと，それがどのようなシステムであるかを短時間で理解することができる。

自分自身が実装したシステムであっても，1年も経てば，実装の詳細は忘れてしまうものである。そのようなときも，上記のようなドキュメントを読み，実装時の記憶を呼び起こすことができる。上記のドキュメントは，通常，システムの実装の過程で作成するものだが，実装後は，そのシステムの内容説明のための資料として公開されるので，そのつもりで作成しておくと自身の備忘録としても有効である。

9.2 EPISODE の応用例

本節では，EPISODE のさまざまな応用例を紹介する。具体的には，EPISODE の開発手法を用いてデータ分析を行う方法や，種々の著作物（卒業論文や就職活動のエントリーシートなど）の企画立案から原稿作成までを，EPISODE を用いて行う手法を紹介する。

EPISODE のこのような応用事例が紹介されることに，違和感をもつ読者がいるかもしれないが，そもそも，ソフトウェア（プログラム）というものも一種の著作物である。記述に使用する言語がプログラミング言語という人工言語であって，コンピュータが実行できる形式に変換が可能であるという特徴を備えてはいるが，プログラマが著した著作物であることに間違いはない。

プログラムの場合，そのプログラムの機能に新規性があることが重要だが，そのことに関する情報は，上記の企画書，ストーリーカード，アクティビティ

図に記載されているはずである。その記載内容に基づき，プログラムの場合
は，適当なプログラミング言語でコーディングが行われていくことになる。そ
の際，プログラムを企画・設計どおりに実装できるかどうかはプログラミング
スキルの問題であり，本書の範疇外になるので，適当な教材で学習してほし
い。

　このような状況は，プログラム以外の著作物の場合でもまったく同様であ
る。例えば，就職の際のエントリーシートも一つの著作物であり，企業の採用
担当者が読んだときにアピールできるように書かなければならない。その際，
自己分析結果に基づく記述内容（企画書に記載）が重要であることはいうまで
もないが，その他にも，具体的なエピソード（ストーリーカードに記載）や，
ストーリー展開（アクティビティ図に記載）も重要になる。もちろん，これら
の企画に基づくエントリーシートは日本語（自然言語）で記述されなければな
らない。つまり，エントリーシートの場合はプログラミング能力の代わりに日
本語の作文能力が重要になるわけだが，そのような能力は，本書とは別の教材
で習得してほしい。

　このように，EPISODE という開発手法は，プログラムにかぎらず，さまざ
まな著作物の作成にも応用可能であると考えている。以下では，EPISODE の
具体的な応用事例をいくつか紹介するが，EPISODE の応用先はこれだけに限
定されるものではない。もし，読者が作成したいと思う著作物があれば，その
作成の際に是非，EPISODE という開発手法を試してみてほしい。

9.2.1 データ分析

　企業などが大量のデータを保持している場合に，そのデータの山の中から，
なにか有益な知見を得たいという動機で，**データ分析**の成果に漠然と期待して
しまうケースがよく見受けられる。このようなアプローチは「**データアプロー
チ**」と呼ばれ，課題を明確にする前にデータを検討してしまうアプローチなの
で，あまり推奨されていない。実際，このアプローチでは意図した分析結果が
得られたのかどうかの評価が行えない。

　これに対し，課題を明確にしてからデータ分析の方法を考えるアプローチを，「**課題アプローチ**」と呼ぶ。データ分析は，このような枠組みで進めるべきなのである。つまり，「**データ分析の設計**」をしっかり行うことが，データ分析の成否を決める上で重要なステップであるといえる。

　データ分析の適切なステップは，以下のように記述される。

　ステップ1)　データ分析の設計を行い課題を明確にする。

　ステップ2)　使用するデータの事前チェックを行う。

　ステップ3)　課題達成のために適切な分析方法を選択する。

　ステップ4)　選択した方法によってデータ分析を実行する。

　ステップ5)　得られた分析結果を解釈し評価する。

　ステップ6)　分析結果をわかりやすく表現する。

　データ分析というと，上記ステップ3)のデータ分析方法として，いかに高度な技法やツールを使うかというところに興味がいきがちだが，いくら高度なツールを駆使したとしても，ステップ1)の分析の設計が曖昧なままでは，間違った答えにたどり着く危険性がある[7]。

　このデータ分析の設計ステップに，EPISODE の手法を適用することができる。この場合，データ分析のストーリーは以下の観点から構成される。

　・**問 題 領 域**：　どのような目的のために，なにを知りたいのか？

　・**評 価 軸**：　どのような仮定を置き，どこまでの範囲を考慮するのか？

　・**要 　 因**：　どんなデータを使って，どんな内容の数字を求めたいのか？

　上記のようなデータ分析のストーリーをつくる目的は，データ分析における重大な見落としを防ぐと同時に，無駄なデータ収集を防ぐことにある。また，分析の明確なストーリーが描けていれば，分析作業の途中で迷子になるのを防ぐこともできる。そのため，分析結果を顧客に納得させやすくなる。結果的に，いわゆる「データアプローチ」に陥るのを防ぐことができるのである。

　以下では，EPISODE を応用して，データ分析を行う場合の具体的な方法について紹介する。

1) データ分析を行う前に，以下の内容を盛り込んだ**企画書**を作成する

　　まず，問題領域を決定し，なにを解明するのかを明確にする。その際，評価軸も同時に決定し，なにをもってよい分析結果とするかも決めておく。その上で，問題を具体的に記述し，分析の基本方針を文章化する。その際，評価軸に影響する要因を列挙し，重要なものを選択する。そのような要因同士の関係を文章で表現し，ストーリーとして記述する。

2) **ストーリーカード**の形で構想メモをまとめる

　　データ分析の概要や基本的なアイディアを練り上げるため，ストーリーカードの形で構想メモをつくる。具体的には，要因同士の関係を文章として書き出していく。初めてこのような文章を書く場合には，大き目の付箋に思い付いたことをメモして，順不同に並べていき，後から全体を眺めて整理するやり方がよい。

3) データ分析の結果報告時の**ポスター**を作成する

　　データ分析が完了し，上司や同僚に分析結果を報告する場面を想像してみよう。ポスターの中には，その分析の概要や特徴を記載しておく。もちろん，分析結果は分析を行ってみないとわからないので，具体的な分析結果を提示するわけではなく，どのような内容について報告する予定なのかを記載する。想定される聞き手が興味をもつような見出しを多数書き込むのがよい。そのようなポスターを作成してみることで，そのデータ分析の核心部分を自身でよく認識し，ぶれずにデータ分析を進めていくことができるようになる。

4) **アクティビティ図**の形でデータ分析の流れ図を作成する

　　ストーリーカードでデータ分析の流れを把握したら，その処理の流れをアクティビティ図の形で図示する。その際，ある分析作業は，どのような条件が満たされるまで繰り返すのかなど，個々の分析作業の具体的な終了条件も明確にしておく。アクティビティ図を実際に作成してみると，ストーリーカードに書かれた処理が，実際には実行しにくいなどのことが判明することがある。そのような場合には関係者で検討し，ストーリーカー

ドの記載内容を変更することも可能とする。

9.2.2　論 文 の 執 筆

　以下では，論文や就職活動のエントリーシートなどの著作物を執筆する際
に，EPISODE を応用して，その企画立案から原稿作成までを行う方法を紹介
する。このような作業はソフトウェアの開発ではないので，EPISODE の1周
目のループのみを回すことによって行うことができる。

　ご承知のように，論文は，感想文やエッセイとはまったく異なる著作物であ
る。論文においては，事実と根拠を明示した上で，自分の主張をはっきりと述
べなければならない。その際，まず必要となるのは，自分の主張の基礎となる
理論や原理・原則を正確に述べることである。その上で，必要があれば，自分
の主張を立証するための実験なども行い，根拠ある主張を行わなければならな
い。また，自身の主張を述べる際に必要となる専門用語を，論文中で厳密に定
義しておかなければならない。

　卒業論文，修士論文や博士論文の場合，教員は学生が各自の課題に対して，
どの程度の学習，調査，研究を行ったか，また，その結果として，どのような
研究結果が得られたかを評価する。したがって，学生は，そのように評価され
ることを前提に論文を書く必要がある。

　論文執筆の準備に EPISODE を応用する場合には，以下のような手順で進め
る。

1)　論文の**企画書**を作成する

　　企画書では，最初に，論文で取り扱う研究テーマの歴史や重要性，自身
　の着眼点などについて述べる。つぎに論文の概要を書く。具体的には，研
　究目的，研究方法，結論などの概略を記述する。その際，序論，本論，結
　論からなる論文のおおまかな構成を述べるようにする。併せて，参考文献
　や，ネットからの引用の URL も記載しておく。ここでの注意点は，研究
　目的と結論の整合性がとれていることを確認することである。研究目的と
　して掲げた内容が，結論において，ある程度達成された形になるように論

文を作成していく（そうならない場合には，研究目的そのものを検討し直す必要がある）。本書のソフトウェアテストの章で学習したテストファーストによる開発とも相通じる考え方である。また，結論では，研究目的に対して，どのような結論が得られたのかについて，すべての実験結果に関する考察を述べた上で，総合的な結論を述べなければならない。

2)　**ストーリーカードを書く**

　論文を読む人（大学教員や査読者，他の研究者など）にとって，その論文を読むことでどのようなことがわかるのかを，ストーリーカードに具体的に記入する。その際，この論文の内容について，読み手がどのくらいの予備知識をもっているのかについて考慮しなければならない。一般に馴染みのない専門用語や基礎理論を使用する場合には，それらの概念についてわかりやすく説明しなければならない。また，読み手はどのような目的でこの論文を読むのか，あるいは読み手が一番知りたいことはなにかについても意識しながら，読み手にとってのメリットが多数盛り込まれているストーリーカードを作成する。

3)　広告の代わりに，出版された論文が公表されたときの**プレスリリース**を作成する

　卒業研究や修士研究が成功した場合に，その成果が新聞などで報道される際の記事を自身で想像して書いてみる。もちろん，通常の卒論や修論の成果が新聞報道されることは非常にまれなことである。しかし，もし自身の研究成果が一般向けに報道されるとしたら，どのような記事になるのかを想像することで，研究成果のまとめ方の方針が得られることが期待される。また，このようなプレスリリース案を自身で作成することで，自身の研究成果を一般の人にわかりやすく説明する方法を意識できるようになる。そのような方法を検討しておくことは，就職活動の際などに，自身の研究成果を説明するときにも役立つ。

4) アクティビティ図の代わりに**目次案**を作成する

  論文の構成は，基本的に，まえがき，概要，序論，本論，結論，あとが
 き，参考文献となるので，特に，本文の部分についての詳細な目次案を作
 成する。その際の注意点としては，序論で取り扱う問題（研究テーマ）に
 ついて明確に述べ，本論ではその問題について論理的・実証的な論述を行
 い，結論では序論で提起した問題に対する解答を与えなければならない。
 論文本体は，理論と実証のみによって記述しなければならないので，論旨
 が明確になるような目次案を作成する必要がある。

注意点： 論文を書く際の一般的な注意点として，文章は「です，ます調」
  ではなく「である調」にするとか，どちらともとれる言い方や口語体は
  使わないといった文章を書く際の基本的なことは，別途，学習しておく
  必要がある。

9.2.3 就職活動のエントリーシート

 エントリーシートは，就職活動において学生が企業に提出する応募書類の一
つである。学生が企業に対して最初に自身をアピールする書類となる。エント
リーシートを作成する際に，なにをどう書けばよいのかがわからないという学
生が多いようだが，EPISODE を応用すれば以下のようにしてシートを作成す
ることができる。

1) **企画書**を作成する

  企画書では，最初に，相手（企業の採用担当者）にわかりやすく内容を
 伝えるために，伝えたいポイントを絞る必要がある。PBL 的な授業での
 活動や，サークル，ゼミ，アルバイト，ボランティアなど，学生時代に打
 ち込んだいろいろな活動の中から，自主的に活動し，目に見える結果につ
 ながったものについて説明するような企画を立案する。

2) **ストーリーカード**を作成する

  ストーリーカードには，採用担当者が学生（作成者）の人物像をイメー
 ジしやすいように，学生時代の具体的なエピソードを記入するようにす

る。各エピソードについては，いつ，どこで，誰が，なにを，なぜ，どのようにしたのかを具体的に記述する。このように，エピソードを具体的に記述することで，採用担当者に対して，作成者の実際の体験をリアルに伝えることができるようになる。さらに，入社後にどんな活躍ができる人材かを，採用担当者にイメージしてもらうために，自分らしさや強みも伝える必要がある。そのため，社会人としての活躍イメージを伝えることを意識して，改めて自分の強みをどう伝えるかについて考えてみる必要がある。

3) 自分自身を宣伝するために，広告の代わりに**ポスター**を描いてみる

　　自己紹介が簡潔に行えるようなポスターを描いてみる。その際，自身の強みをキャッチフレーズとして大き目に書いておき，それに添える形で，自身のアピールポイントを多数書き込む。完成したポスターを一瞥したとき，作成者（学生）がどのような人物像をアピールしたいのか，そのポイントがよくわかるポスターを作成する。このようなポスターを自身で作成することで，採用面接時などにおいて話の内容に迷いがなくなる効果が期待できる。

4) エントリーシートに記入されたエピソードのストーリー展開を，**アクティビティ図**として記述する

　　エントリーシートに書かれたいくつかの学生時代のエピソードを，どのようなストーリー展開で説明するのが最も効果的であるかについて，アクティビティ図を描くことにより検討する。ストーリー展開として，時系列にエピソードを紹介するのと，重要なエピソードから順番に紹介するのとでは，どちらのアピール度が高いかなどについて検討する。全体的なストーリー展開が，理解しやすく，興味深いものになっているかどうかを，でき上がったアクティビティ図を見ながら確認する。

注意点：　読み手である採用担当者のことを考え，一文を短くして簡潔に記述する。最初に結論を簡潔に述べた後に，その根拠となる理由や具体的なエピソードを説明するとよい。自己 PR や志望動機があれば付記する。なお，エントリーシートを書く際には，話し言葉を使ってはいけな

い。また，大きな余白はできるだけなくしておく。大きな余白を残す
と，採用担当者に，やる気がないと受け取られる危険性がある。手書き
の場合は黒のボールペンを使用し，丁寧に記入する。読みやすい字で書
くようにし，誤字・脱字には十分に注意する。

■■■ ま と め ■■■

(1) **EPISODE の枠組み**
　　・EPISODE では，アジャイル開発の場合と同様に，**企画→設計→実装→評価**
　　という作業のループを通してシステム開発を行っていく。
　　・**企画（発散）→設計（収束）→実装（発散）→評価（収束）**という形でアイ
　　ディアの発散と収束を繰り返すことにより，独創的なアイディアを創出して
　　いこうというのが**デザイン思考**の基本的な考え方である。
　　・EPISODE は，アジャイル開発とデザイン思考の考え方を融合したシステム
　　開発手法であり，アイディアの発散と収束を繰り返しながら，独創的なシス
　　テムを徐々に組み上げていく開発手法である。

(2) **EPISODE の特徴**
　　・開発者自身で独創的なシステムの**アイディア出し**が行える枠組みとなってい
　　る。
　　・ユーザ中心（**人間中心**）のシステム開発手法である。
　　・しっかりと**企画**や**設計**を行ってから，システムの実装に取り掛かれる枠組み
　　である。
　　・IBM Watson のような **AI ツールを使用した開発**にも適用できる枠組みである
　　（7 章参照）。
　　・データ分析などを行い，作成したシステムを**客観的に評価**することができる
　　枠組みである。

(3) **EPISODE によるシステム開発**：　EPISODE によるシステム開発において，
　　開発者が作成するドキュメントは以下のとおりである。
　　・**企画書**
　　・**ストーリーカード**
　　・**広　告**
　　・**アクティビティ図**
　　・**タスク分割カード**

(4)　**EPISODE の応用例**

(a)　**データ分析**

・データ分析の**企画書**を作成する。

・**ストーリーカード**の形で構想メモをまとめる。

・データ分析の結果報告時の**ポスター**を作成する。

・**アクティビティ図**の形でデータ分析の流れ図を作成する。

(b)　**論文の執筆**

・論文の**企画書**を作成する。

・論文の**ストーリーカード**作成する。

・論文が公表されたときの**プレスリリース**を作成する。

・アクティビティ図の代わりに**目次案**を作成する。

(c)　**就職活動のエントリーシート**

・**企画書**を作成する。

・エントリーシートの**ストーリーカード**を作成する。

・広告の代わりに**ポスター**を描いてみる。

・エピソードのストーリー展開を，**アクティビティ図**として記述する。

参 考 文 献

1章〜6章

1) Ian Sommerville：Software Engineering（10th Edition），Addison Wesley（2015）

7章

2) ティム・ブラウン：「デザイン思考が世界を変える」，早川書房（2014）

3) トム・ケリー：「イノベーションの達人！」，早川書房（2006）

4) 前野隆司 編著：「システム×デザイン思考で世界を変える」，日経BP社（2014）

5) NTT ソフトウェアイノベーションセンタ，NTT データ：「要件定義の図解術」，日経BP社（2015）

7章，8章

6) 伊澤諒太，井上研一，江澤美保 他著：「現場で使える！ Watson 開発入門 Watson API，Watson Studio による AI 開発手法」，翔泳社（2019）

9章

7) 河村真一，日置孝一，野寺 綾，西腋清行，山本華世：「本物のデータ分析力が身に付く本」，日経BP社（2016）

索　　引

——著者略歴——

1982 年 早稲田大学理工学部数学科卒業
1984 年 早稲田大学大学院博士前期課程修了（数学専攻）
1984 年 日本アイ・ビー・エム株式会社勤務
1987 年 東京電機大学助手
1991 年 理学博士（早稲田大学）
1992 年 北陸先端科学技術大学院大学助教授
1994 年 電気通信大学助教授
2006 年 電気通信大学教授
　　　　現在に至る

デザイン思考に基づく新しいソフトウェア開発手法 EPISODE
　—データ分析，人工知能を活用した小規模アジャイル開発—
EPISODE, A New Software Development Method based on Design Thinking
　—Small–scale Agile Development using Data Analysis and Artificial Intelligence—

　　　　　　　　　　　　　　　　　　　　　　　　　© Tetsuro Nishino 2022

2022 年 3 月 25 日　初版第 1 刷発行

検印省略	著　者	西　野　哲　朗
	発 行 者	株式会社　コ ロ ナ 社
		代 表 者　牛 来 真 也
	印 刷 所	壮 光 舎 印 刷 株 式 会 社
	製 本 所	株式会社　グ リ ー ン

112-0011　東京都文京区千石 4-46-10
発行所　株式会社 コ ロ ナ 社
CORONA PUBLISHING CO., LTD.
Tokyo Japan
振替00140-8-14844・電話(03)3941-3131(代)
ホームページ　https://www.coronasha.co.jp

ISBN 978-4-339-02925-3　C3055　Printed in Japan　　　　　　　　(金)

コンピュータサイエンス教科書シリーズ

(各巻A5判，欠番は品切または未発行です)

■編集委員長　曽和将容
■編集委員　岩田　彰・富田悦次

定価は本体価格+税です。
定価は変更されることがありますのでご了承下さい。

図書目録進呈◆

メディア学大系

（各巻A5判）

■監修
（五十音順）

相川清明・飯田　仁（第一期）
相川清明・近藤邦雄（第二期）
大淵康成・柿本正憲（第三期）

定価は本体価格+税です。
定価は変更されることがありますのでご了承下さい。

図書目録進呈◆